园艺园林技术系列丛书

U0836395

花卉装饰技艺

田松青　主编

苏州大学出版社

图书在版编目(CIP)数据

花卉装饰技艺 / 田松青主编. —苏州:苏州大学出版社,2009.3(2012.10重印)
(园艺园林技术系列丛书)
ISBN 978-7-81137-213-7

Ⅰ. 花… Ⅱ. 田… Ⅲ. 花卉装饰-高等学校-教材
Ⅳ. S688.2

中国版本图书馆 CIP 数据核字(2009)第 023424 号

花卉装饰技艺
田松青 主编
责任编辑 薛华强

苏州大学出版社出版发行
(地址:苏州市十梓街 1 号 邮编:215006)
丹阳市兴华印刷厂印装
(地址:丹阳市胡桥镇 邮编:212313)

开本 787mm×1 092mm 1/16 印张 8.75 字数 212 千
2009 年 3 月第 1 版 2012 年 10 月第 3 次印刷
ISBN 978-7-81137-213-7 定价:14.00 元

苏州大学版图书若有印装错误,本社负责调换
苏州大学出版社营销部 电话:0512-65225020
苏州大学出版社网址 http://www.sudapress.com

园艺园林技术系列丛书
编 委 会

前　言

近年来，随着我国经济社会的发展和人们生活水平的不断提高，园艺园林产业获得了长足的发展，编写贴近园艺园林科研和生产实际需求、凸显时代性和应用性的职业教育、适合农村科技人员及从事园艺园林生产农户的学习参考用书便成为摆在园艺园林教学和科研工作者面前的重要任务。

苏州农业职业技术学院的前身是创建于1907年的苏州府农业学堂，是我国“近现代园艺与园林职业教育的发祥地”。园艺技术专业是学院的传统重点专业，是“江苏省高校品牌专业”，在此基础上拓展而来的园林技术专业是“江苏省特色专业建设点”。该专业自1912年开始设置以来，秉承“励志耕耘、树木树人”的校训，培养了以我国花卉学先驱章守玉先生为代表的大批园艺园林专业人才，为江苏省乃至全国的园艺事业发展作出了重要贡献。

近几年来，结合江苏省品牌、特色专业建设，学院园艺专业推行了以“产教结合、工学结合，专业教育与职业资格证书相融合、职业教育与创业教育相融合”的“两结合两融合”人才培养改革，并以此为切入点推动课程体系与教学内容改革，以适应新时期高素质技能型人才培养的要求。本套丛书正是这一轮改革的成果之一。丛书的主编和副主编大多为学院具有多年教学和实践经验的高级职称的教师，并聘请具有丰富生产、经营经验的企业人员参与编写。编写人员按照理论知识“必需、够用”、实践技能“先进、实用”的“能力本位”的原则确定编写内容，并借鉴课程结构模块化的思路和方法进行丛书编写，力求及时反映科技和生产发展实际，力求充分体现自身特色和农村教育特点。本套丛书不仅可以满足职业院校相关专业的教学之需，也适合作为农村园艺园林从业人员技能培训教材或提升技能的自学参考书。

由于时间仓促和作者水平有限，书中错误之处在所难免，敬请同行专家、读者提出意见，以便再版时修改！

园艺园林技术系列丛书编写委员会

编写说明

花卉装饰是一门应用性很强的技术，主要包括不同环境、不同花材的装饰技艺。本书介绍了花卉装饰的基本原理和基本类型，以及各种花卉装饰的特点和技巧，并将涉及的各种花卉装饰技艺（花坛、花境、花柱、吊篮、组合盆栽、水培花卉、插花、压花等）一并进行介绍，通俗易懂。本书具有较强的实用性、技术性和可操作性，既可以使学习者掌握专业技术，又能提高学习者的艺术欣赏水平和审美情趣。

本书适合大中专院校学习者、园林设计人员、相关行业从业人员及花卉装饰爱好者阅读。

本书由田松青任主编、陈立人任副主编，其中第2章和第3章的3.3、3.4由陈立人老师编写，其他部分均由田松青老师编写。

由于时间仓促，编者水平有限，如有错误和不妥之处，恳请各位老师、同学以及广大读者提出宝贵意见，以便再版时改正补充。

编　者

目录 Contents

第1章　花卉装饰概述

本章导读

本章主要介绍了花卉装饰的概念、花卉装饰的美学原理、花卉装饰的类型和具有的特点，让读者对花卉装饰和花卉装饰原理能有初步的了解和基本的认识。

1.1　花卉装饰的概念

花卉装饰是根据环境条件和人们的需要，按照科学、艺术的要求，以花卉为材料，根据美学原理，进行合理巧妙的布置，为人们创造一个高雅、优美、和谐的空间。花卉装饰的取材很广泛，可以是盆花、地栽花卉、水培花卉，也可以是鲜切花或干花、仿真花等。

这里所说的花卉是指广义上的花卉，即是指所有的观赏植物。常用于装饰的花卉主要分为四大类：

(1) 观花花卉。如牡丹、月季、三色堇、金盏菊、一串红、大丽花、菊花、杜鹃等以观赏花为主的植物。

(2) 观叶花卉。如发财树、榕树、巴西木、彩叶草、五色草、蒲葵、苏铁、红宝石喜林芋、绿宝石喜林芋等以观赏叶为主的植物。

(3) 观果花卉。如金橘、石榴、佛手、火棘、南天竹、冬珊瑚、五色椒、平枝栒子等以观赏果实为主的植物。

(4) 观茎花卉。如文竹、仙人掌、假叶树等以观赏茎为主的植物。

这些花卉在花卉装饰中有些可以用盆栽作为盆栽观赏植物；有些可以盆栽造型后制成盆景或小盆景(商品盆景)；有些可以地栽组成各种造型的花型；有些可以地栽后采其鲜花进行插花以布置环境；还可以灵活地运用各种花卉组合成各种小品来装点我们的生活空间。

有历史记载以来，人类与绿色植物就建立了密切的关系。史前期，人类靠森林提供食物而生活在原始环境里。人类在文明初始，即经营农业，尔后，若干世纪的文化和技术进步，自然环境就越来越受到人类的支配。但不管人类对自然景观如何改造，在人类的生活链中，绿色植物仍然是必不可少的因子。用绿色植物来装饰环境，虽然不能完全满足人们对自然的生理需要，但作为自然的象征，能产生心理上的平衡、调节作用，带来精神愉快。

在国外，不仅家庭住宅中广泛栽植各种室内观叶植物，国家机关、国会大厦、各级政府办事部门、展览馆、医院、学校、车站、码头、超级市场等都普遍进行了室内绿化装饰。近年来，世界各国为适应旅游业的发展而建造的旅游城镇、饭店、餐厅、酒吧等，更是不惜花费重金，广泛收集各种室内观叶植物品种，精心设计建造室内小花园，招揽顾客。有的宾馆、餐厅由于空调、通风、供水等设备条件完善，室内绿化装饰已由几盆孤立的盆栽观叶植物发展到在室内建造种植槽或模拟自然，建造自然式山水园。有些居民爱好室内绿化简直到了令人吃惊的地步，他们在会客室的南窗上做了架子，摆满了各种观赏植物，窗子顶部还挂了吊盆，终日垂挂在两边，成了装饰品。有的在墙上挂了各种容器，配植各种观叶植物。光线不足的角落，还特地装了很小的聚光灯来补足光照。这些都促使人们对室内条件下生长的植物在质量和数量上提出了更高的要求，从而大大刺激了观叶植物园艺的发展。可以预言，随着经济水平的提高，室内装饰的日趋讲究，观叶植物的大量繁殖生长，观赏植物必将越来越多地进入人们的工作、学习和生活领域，渗透到建筑空间的每个角落，成为改善城市生态环境、美化人们工作和生产条件的重要组成部分。这是居民文明程度的一个量尺，也是这个城市现代化程度的标志。

1.2 花卉装饰的美学基础

1.2.1 赏花与美学

一、赏花的理解

花是美的化身，美是以真与善为条件而存在的。爱美是人类的天赋，如爱美而不追求真与善，只能触及美的外壳，达不到爱美之目的。赏花是以花之美，叩开心扉，以爱美之力，扫除虚假与邪恶，净化心灵，使精神世界开阔、乐观，少有烦恼与苦闷，从而保证身心健康。花草树木也是园林构成的要素，是园林空间的弹性部分，是极富变化的动景，它丰富了园景的色彩和层次，增添了园林的生机和野趣，以其独特的个性和众多的效用，参与园林艺术境界的形成。我国古典园林在世界造园史上独树一帜，其中很重要的一个原因就在于它的名花古木。

1. 赏花标准

（1）花色。花色一般分为两种，即浓妆，色彩强烈；淡妆，色调素净。“淡妆浓抹总相宜”，人们秉性不同，喜爱也就各异。

（2）花香。花香使人倍感身心爽朗，将香花用于园林造景，更可以悦性怡情，倍增游兴。例如苏州留园的“闻木樨香”景点，因其遍植“一秋三度送天香”的桂花，开花时节香气袭人，意境十分优雅。花香有不同的类型，不同的香型所带来的美感也是有别的。清香可怡情，浓香则醉人，桂花的甜香或许能引起你深沉而甜蜜的回忆……而事实常是“好花不香，香花不好”，色香难以两全。

(3) 花姿。花姿有柔美与刚美之分，或称优美与壮美。二者要和谐统一，柔抒韵，刚抒气，达到气韵洋溢。陈从周教授在《说园》中曾将“花木重姿”与“音乐重旋律、书画重笔意”相并列，认为重视花木的姿态是我们民族在园林花木栽培上的一大特色，事实上亦确乎如此。例如：以曲为美，直则无姿；以欹为美，正则无景；以疏为美，密则无态；单株能充分发挥和强调其自然特性，显得大巧若拙。线条的艺术是中华民族诸艺术之源。

(4) 花韵。花韵是指花的风度、品德、特性。中国赏花者认为：不谙花韵，难入高雅境界。屈原的《橘颂》，周敦颐的《爱莲说》，龚自珍的《病梅馆记》等，很多言及赏花文章，对后人赏花，起了很好的启迪作用。现代不少人喜爱松、桧、枫、榆、竹之类的盆栽品种，它们一无美色，二无芳香，人们就是欣赏其神韵。韵是内在的美，真正的美。

2. 赏花论韵

色、香、姿是实体的外表美、形态美，而韵是抽象的意境美。韵是以色、香、姿为前提的，是外因条件引起赏花者产生对花的美感，因而由美的内蕴，产生情的力量，把花人格化。韵寓于色、香、姿之中，而不是与色、香、姿并列的对立物。没有色、香、姿，便没有韵的存在。

花的美，韵的情，把人带入高尚的精神世界。于是画家画花，诗人咏花，歌唱家引吭唱花，雕刻家精心雕花，人们把自己的希望寄托于花，乃至产生了花的神话、传说。有的花又成为某种事物或情感的象征，并被广泛应用，进而使无情之花含有情之意。中国人赏花，一向香重于色，神重于形，是与西方不同的。

赏花所以能成为人的精神营养，得以培养高尚情操，使人感到身心舒畅，从而打开智慧之窗，展开飞向真、善、美的翅膀，其主要原因就在于韵，韵是色、香、姿的升华。

3. 赏花求雅

这是我们民族的传统审美习惯，是我们民族品质高尚、朴实、纯洁的反映。雅是对花而言的，清末词人况周仪认为愈朴便愈厚，愈厚便愈雅。雅不是语言文学的技巧问题，而是境界问题，所以求雅必须通过求朴、求厚，以达到真雅。

赏花求雅。雅的内容是什么？清代《考槃余事》作者屠隆说：“清香而色不艳者为雅。”也就是说雅有两个标志，一是香清，二是色淡。古人云：“绚丽之极归于平淡”，或说“极饰反素”，视为美的最高境界。美如不以真善为基础，美就成为枯壳。“真”是朴实无华而素淡，“善”是纯洁无邪而平和，这和赏花求雅是一个道理，美与雅的基本条件是身心没有假与恶，做到纯净、健康。也就是说，通过赏花求雅，以提高思想境界，净化心灵。

二、赏花与美育

倡导养花赏花，对社会美育能产生良好效应。美育可培养和提高人们对美的鉴赏水平和创造能力，陶冶情操，提高人们的生活情趣，启发人积极向上。通过种花美化生活、美化环境，进一步净化人的心灵，是精神文明建设应有的美育效果。群众性的养花赏花活动，对社会美育有相辅相成的作用。

爱情是人类的一种高尚情感，是社会美的重要内容之一。爱情的获得要靠双方在情感上的坚贞和专一。花的纯洁素质，正具备了上述哲理的爱情条件，故一直被公认为是爱情的象征。世界各国人民都一致以玫瑰代表爱情，因为它有两个特点：一是香久，二是多刺。爱情必须香久，但是只有香久还不行，还需多刺，说明爱情不能轻率，爱情应属于慎重、勇敢，能经受多刺考验的人。花的无声语言，在爱情问题上时时向人们提出有益的启示，是潜移默化中的美育。

由此可见，缀美于形，育美于心，可以培养审美能力，提高国民的素质。

1.2.2 美学原理

一、统一与变化

任何完美的艺术作品都具有若干不同的组成部分，这些组成部分之间既有区别又有联系，通过一定的规律有机地组成一个完美的整体。就其各部分的区别和多样性而言是艺术表现的变化问题。既有多样变化，又有整体统一，是所有艺术作品表现形式的基本规律。

1. 对比与调和

在花卉装饰中把美学性质相同或类似的景物配置在一起，容易产生和谐协调的效果，因为它们在共通的性状上容易取得统一。彼此调和的景物中没有相互抵触的性状，使人产生柔和舒坦的感觉，不过，这种柔和观感持续太久，便可能陷于呆板，使人观兴减退。适时加入变化予以调剂，可振奋人们的观兴。针对调和缺乏兴奋性美感的一种突出的变化处理就是对比。它是借两种性状有差异的景物并立对照，使彼此不同的特点更加显著，提供给观赏者一种新鲜兴奋的景象。具体地说有以下几种情况：

（1）形状的对比与调和。花卉装饰中构成景物的线、面、体和空间常具有不同的形状，通过它们彼此间的对比与调和，来形成和谐优雅的环境气氛或丰富多样的景观效果。

（2）方向的对比与调和。花卉装饰的体形、空间和立面处理中，常运用垂直和水平方向的对比，以丰富景物形象。

（3）虚与实的对比与调和。一般是指花卉装饰的花卉实体与空间的对比，在处理装饰的花卉时，要做到虚中有实，实中有虚。

（4）色彩和质感的对比与调和。色彩和质感是景物表面的表现形式，光影变化是在一定光源下产生的明暗效果，这些在花卉装饰表现上都起着很大的作用。在花卉装饰中运用色彩的对比与调和非常普遍，常言所说的"红花尚须绿叶相衬"，"万绿丛中一点红"，都是对这些景象的一种描写。

2. 重复与韵律

在花卉装饰中常有必要使同样的景物或景物的美学因素有规律地重复出现，有组织地重复变化，形成一种艺术表现形式——韵律，利用这些景物的反复出现来加深景园一定的景色，使观赏者获得鲜明而深刻的印象，不致于形形色色、杂乱无章，有利于取得统一效果。

3. 主从关系与重点处理

在花卉装饰中一般有它的主要部分和从属部分，将二者之间的关系适当加以处理，可加强表现力，取得完整统一的效果。

在西方式插花中由于所用花枝繁多、色彩丰富，协调与统一就更为重要。例如，众多的花枝均用各不相同的品种，其多样性自然不必多言，但花卉种类一多，就容易杂乱无章，因此，在同一件插花作品中，一般不要选用太多的种类，以2～3种为好。需着重一提的是，主次分明对于求得插花作品的协调统一十分重要。在一件成功的插花作品中，必须有一枝或一组“主花”总领全局。起统率作用的这种“主花”，一般花大、色艳、香浓，位于构图的“兴趣中心”附近。

花有主花，色有主色，调有主调，主次分明。主有主位，实有实席，不能分庭抗礼，更不能喧宾夺主。显宾为衬，在总体上形成“众星捧月”的格局，便能达到高度的统一。在插花创作中，人们总喜欢用各种各样的配叶来作为花枝的背景，或用霞草等似繁星点点的小花散布花叶中间，这种使插花构图更为丰满完整的做法，也不失为求得画面协调统一的良策。

二、均衡与稳定

花卉装饰中的景物是由一定体量的不同材料组成的实体，常常表现出不同的重量感。探讨均衡与稳定的原则是为了获得一定的完整性和安定感。

1. 均衡

均衡在花卉装饰中要求景物的体量关系符合人们日常生活中形成的平衡安定的观念，是景园布置完整的重要条件之一。其形式有三种，即对称均衡、非对称均衡和隐均衡。

(1) 对称均衡。对称一词来源于希腊语，具有计量的意思，即可由一个单位形重叠，可用一个单位量除尽，从集合的某些部分能够认识全体。在对称中，对称轴两侧的形成点，又有等距离的左右对称和以一点作为对称中心，用一定角度回转所排列的放射对称之分。前者具有向一个方向流动的方向性，后者则具有中心点集中的性质。

对称自希腊时代就已作为美的原则，应用于建筑、造园、工艺品等许多方面。对称本来是规则性很强而易于得到平衡的，因此容易获得安定的统一，具有整齐、单纯、寂静、庄严等优点，可是另一方面也兼备了寒冷、坚固、呆板、消沉、古典、令人生畏等缺点。对称的布局都是均衡的，也是容易取得的，但对称均衡往往容易陷于单调。因此，随着艺术的发展，对称性在艺术中越来越少见。

(2) 非对称均衡。非对称均衡可以借助“杠杆原理”来说明，意思是指一个远离均衡中心、意义上较为次要的小物体，可以用靠近均衡中心、意义上较为重要的大物体来加以平衡。这种不对称的平衡，尽管其均衡中心两边在形式上不等同，但在美学意义方面存在着某种共同之处。例如，少量的大朵花与多量的小花，近中心的大花与远离中心的小花等，它们相互之间自然地形成了均衡。由于花枝的形态结构、色泽、质地是多种多样的，它们在视觉上都会表现出力的轻重不同，所以在插花构图时，要有疏密聚散、高低错落等变化，以便在多样的变化中显示出均衡感。当然，在插花构图中，不管怎么变化，上轻下重的原则必须坚持：一般大花在下，小花在上；盛花在下，花蕾在上；深色在下，浅色在上；圆形花在下，穗状花在上，这样才能给人以稳定均衡之感。但也必须有穿插变化，以不失自然之态。

(3) 隐秘均衡。它本质上是应用于自然式布局的一种非对称均衡，它不是凭借轴线来组织景物，而是通过大小高低不同的体量、体积、色彩或景物产生的重量感，取得相互均衡。

2. 稳定

如果说均衡所涉及的主要内容是花卉装饰构图左与右、前与后之间相对轻重关系的处理，那么稳定所涉及的则是装饰景观整体上下之间的轻重关系的处理。稳定的原则是下大上小，下重上轻。例如，插花将深色的花插在下部，浅色的花插在上部，重心靠下。

三、比例与尺度

花卉装饰是供人赏用的空间景物之一，其尺度应按人的使用要求来确定，其比例关系也

应符合人的视物规律。这对于作主景的植物等景物设立在什么位置上这一问题，就有一个比例和尺度的要求。‘

1. 比例

比例良好的花卉装饰，能够表现出一种优美悦目的景象，否则将让人产生别扭和不协调感。一些几何形体所存在的比例关系，可以用数字的比率来表示。例如，长方形的长宽之比在接近“黄金比”1∶0.618时最为悦目。当然在实际处理布局问题时，不能单纯考虑个别形体本身的比例，还要讲求与其他形体以及周围环境之间的比例关系。

2. 尺度

花卉装饰的布置也不能脱离实用的尺度去追求单纯美观的比例，要取得真正美观的比例，还必须符合人们习惯的一些基本尺度。例如，成人一般身高为1.70米左右，由此决定了人们生活使用的物体的尺度。依据统计分析，在正常情况下，不转动头部，最舒适的观赏视角在立面上为26°~30°，在水平面上为45°。依此推算，对于大型景物，合适的视距为景物高度的3.3倍，小型景物约为1.7倍；而对景物宽度而言，其合适视距则为景物宽度的1.2倍。当我们要在广场设置立体花坛做主景时，周围广场空间最小宽度就要以这一规律来限定，否则就达不到立体花坛的最佳观赏效果。

1.2.3 意境的创造

对于视觉艺术来说，所有被称为美的东西，都有一个可视的形象形式。花卉装饰讲究形式美就如同诗歌讲究韵律、节奏，雕刻讲究结构、布局，绘画讲究色彩、线条，戏剧讲究身段、做功一样。因此，花卉装饰的形式美具有独特的审美特性。

一、构成景物的要素

按照美学的观点，形形色色的景物可以分析为几种组成的因素，即形态、色彩和质感。人们欣赏景物就是欣赏这几种因素错综微妙的集合体。

1. 色彩

所有造型要素中，没有像色彩这样强烈而迅速地诉诸感觉的要素了。景物的第一要素是色彩。马克思曾经讲过色彩问题，认为色彩是一种最大众化的审美感觉。实际上亦是如此，世界上没有对色彩美毫无感觉的正常人。

(1) 色彩的感觉。温度感，或称冷暖感，是一种最重要的色彩感觉。从科学上讲，色彩的温度感也有一定的物理根据，但主要还在于人的心理因素，在于人对自然界客观事物的长期接触和认识，通过生活经验的积累，由色彩产生了一定的联想，由联想到的有关事物产生了温度感。如由红色联想到火与太阳，感到温暖；由蓝色联想到水与大海，产生了寒冷感。色彩的调子，主要就是按冷暖区分为两大类，一般地说，在光谱中近于红端区的颜色为暖色，也就是说光度高的为暖色，光度低的为冷色。绿色是冷暖的中色，温度感适中，故有“绿杨烟外晓寒轻”的诗句。我们在运用时，一般在春秋冬季用暖性色花卉，在夏季宜多用冷色花卉。

色彩除有温度感外，还有胀缩感、远近感、重量感、面积感和兴奋感。例如，节日夜晚观看红、橙、黄色焰火，不仅使我们感到特别明亮而清晰，也似乎格外膨大，靠我们很近；而绿、紫、蓝色焰火，则感到比较幽暗、模糊，似乎被收缩了，离我们较远。因此，它们之间形成了巨大的色彩空间，增强了生动的情趣和深远的意境。

（2）色彩的感情。色彩的美主要是情感的表现，就是色彩的感情问题。要领会色彩的美，主要是领会一种色彩所表现的感情。不过，色彩的感情是一个复杂而又微妙的问题，它不具有绝对的固定不易的因素，因人、因时、因地及情绪条件等的不同而有差异，同一色彩可以引起这样的感情，也可以引起那样的感情。

（3）花卉装饰的色彩。色彩是物质的属性之一，因此，组成花卉装饰的各种要素的色彩表现就是花卉装饰色彩构图。花卉装饰中的色彩设计不像画家选择色彩那样自由，也不像室内设计师那样随意决定壁纸、地毯和窗帘的颜色。花卉装饰的素材本身具有物理或化学的性质和植物生理生态学的特性，将这些要素编排到美的秩序里去，是花卉装饰的一大任务。

花卉装饰中植物的色彩最为丰富多变，在进行搭配时力求做到色彩的和谐，这一点实际上牵涉到个人的审美观问题。一些色彩的集合只有在它能给人以舒适的感觉时才是和谐的，因为我们已经习惯认为自然中的色彩是令人舒适的，所以在我们的头脑中，已经形成一种不成文的规范，就是多种色彩相互搭配时不应有明显的冲突，而对比色调的配色由于互相排斥或相互吸引，都产生强烈的紧张感，很引人注目，所以多用会陷于混乱。

2. 形状

景物在人们的视觉中呈现着各种形态，构成形态的基本要素包括点、线、面、体等几个方面。

（1）点。点是一种最简洁的形态，点的形象是个细小的圆，其大小程度是相对的，和所在的环境、观视距离有关，在相对大的空间环境中远观的视为点，在相对小的空间环境近观时则为面。

点不仅有大小、形状、方向和位置，而且由于各种点的变化、点的扩大、点的排列、点的聚散以及线形点的不同运动方向的组合，在构图中造成了极为丰富多彩的效果。

（2）线。线条是最基本的视觉要素之一，园林景物的轮廓和边缘形成特定形式的风景线，在构图中十分重要。每一种线的变化都具有特殊的视觉效果，具有审美价值。

线条有粗细、曲直、浓淡、虚实之分。不同的线条给人以完全不同的视觉印象。线基本上分为直线和曲线两类。直线是线的基本形式，但自然界可以说是没有直线的。直线是人们设想出来的抽象的线，因而它具有纯粹性，在关键的设计中，直线虽然能发挥巨大作用，但在任何时候它也不是最高级的要求。直线由于纵横方向的不同可分为垂直线、水平线和斜线。一般来说，垂直线能给人以岿然不动、端庄、严肃的感觉；水平线常给人以平衡的感觉；斜线能够表现出一种不稳定的动感。

曲线要比直线灵活舒展得多，可用以表现悠扬、柔美、轻快的风貌。人们的本能总想从紧张中解脱出来，并愿获得安适，这就是人们向往曲线的原因。

（3）面。面由线范围而成，给人的感觉应以范围所用的线的性质为基础。正方形的面由等长的垂直线和水平线范围而成，结合垂直线的坚实和挺拔，水平线的安定和静止，使整个面有坚强有力的表现。但因正方形无变化而显得过于单调，运用较少，与之相比，长方形因范围直线长短的不同而具引伸感，再利用适宜的比例，则既具正方形的坚定感，又具直截明快的特性，运用较广泛。

（4）体。体是三度空间的实体。人们所见到的景物都是有形状、姿态的可触摸的实体，但是景物实体多半是以部分的面提供欣赏的，因此在设计或施工过程中，均要考虑把景观效果最佳的面朝向游人观赏方向。这是针对静态观赏景物而言的，在动态观赏中，需要考虑看见立体的形态和特点有所不同的各个方面，经过游览路程的组织安排，发挥动态观赏中所能提供的时间、空间美。

3. 质感

质感是由于感触到素材的结构而产生的。例如，我们从粗糙不光滑的素材上感受到的是野蛮的、男性的、缺乏雅致的情调；从细致光滑的素材上感受到的则是女性的、优雅的情调，但同时亦常有冷淡和卑贱的感觉。还有从金属上感觉到的是坚硬、寒冷和光滑；从布帛上感觉到的是柔软、轻盈和温和；从石头上感觉到的是沉重、坚硬、强壮和清洁等。质感有自然和人工之分，为了强化质感的效果，运用对比的方法来布置不同质感的素材，可以相得益彰。

二、创造意境的方法

意境是指形象与它们所引起欣赏者相应的情感、思想相结合的境界，也可以说它是理性欣赏中更高层次的内容，也是花卉装饰所追求的更高境界。我国传统的花卉艺术十分重视这种创造，诗情画意就是花卉装饰要求达到的基本意境。意境的形成与创造，能大大丰富欣赏内容，增加欣赏的深度和广度，产生更加动人的装饰效应。

创造意境可以从以下几个方面努力：

（1）提供丰富多样的感官欣赏。在视觉欣赏的基础上加强其他感官欣赏的安排，重要的是嗅觉与听觉。使用芳香花木，可带来更清幽的意境。

（2）加强气象景观。看到的景色在晴、阴、雨、风中呈现的差异，景观在春夏秋冬季节中显出的季相变化。

（3）发挥景物模拟象征的作用。模拟自然山水，从文学艺术方面发挥景物的象征意义也是创造意境的重要手段，许多花草都有美妙的神话传说，运用得当，都有助于意境的形成。需要注意的是因地制宜，避免牵强。

（4）创造相关的花卉艺术综合体。花卉装饰中结合诗词、绘画、雕刻、碑刻、书法等多种艺术的创造，形成花卉艺术组合。

1.3 花卉装饰的类型

1.3.1 室外花卉装饰

室外花卉装饰的范围广、形式多，本书所介绍的主要是以花卉为主体的室外花卉装饰，包括花坛装饰（图1-1）、花境装饰（图1-2）、吊篮与壁篮（图1-3）、花柱（图1-4）、花丛以及各种垂直绿化。花卉艺术材料与生长环境密切相关，环境决定着花卉艺术材料的命运。因此，只有弄清花卉材料与生长环境的关系才能创造出宜于花卉艺术材料生长和发育以及花卉艺术材料贮存、运输的条件。

图 1-1　立体花坛

图 1-2　花境

图 1-3　吊篮

图 1-4　花柱

1.3.2　室内花卉装饰

室内装饰花卉是指具有一定观赏价值、适宜在室内较长期摆放和欣赏的花卉，按栽培种类可以分为观叶植物、观花植物和观果植物。按应用形式区分则有盆栽（图 1-5）、插花（图 1-6）、压花（图 1-7）及其他艺术形式。

图 1-5　盆栽

图 1-6　插花

图 1-7 压花画

现代室内装饰花卉与过去传统的室内花卉相比，栽培种类和应用形式都有很大改变。过去人们习惯于栽培观花、观果植物，欣赏花的娇艳芬芳，果的丰润繁茂，认为只有艳丽的花果才能烘托出节日的喜庆气氛和创造优雅的环境，然而，娇花难养，使人频添“一年无事为花忙”的辛苦，况且好景不长，难免有“养花一年，赏花十日”的无奈，“翠减红衰愁杀人”，又令多情人徒生烦恼。现代快节奏、多色调的城市生活，使人们没有更多的闲暇和精力来养花弄草，何况居住条件了，由平房小院搬进高楼大厦后，室内的光照条件变差，许多喜光的花卉难以适应，使许多爱花人只能在温室里或花展上，一睹名花佳卉的芳容丽质。既然传统的花卉已不能适应现代生活的需要，人们提出室内植物装饰的新要求，便在情理之中了。

插花就是把植物的茎、枝、叶、花(花序)、果(果序)剪下来经过艺术加工，重新组合插在瓶、盘、盆、篮等器皿中或组成花束，形成一个浓缩的体现自然美和生活美的一种花卉艺术。我国插花艺术的迅猛发展是在改革开放以后。随着人们生活水平的不断提高，插花艺术已经进入千家万户，几乎与每个人都息息相关，已成为花卉装饰中的一个重要部分。

1.4 花卉装饰的特点

花卉装饰作为一种装饰艺术，与雕塑、绘画等形式相比，有一些不同的特征。

1.4.1 科学性

花卉要表现出良好的装饰效果,与生长环境密切相关,环境因素有光、土壤、肥料、水分、空气和温度等。所以根据不同环境应选择不同的花卉,注意花卉的适应性。

应根据花卉装饰的不同形式来选择合适的花卉种类。比如,花坛用花应选盆栽花卉;插花装饰应选切花切叶;压花画的制作则可以选用山野中的野花野草,等等。

室内花卉装饰中应选择无毒、无恶臭、无不良分泌物,气体对人体无刺激的花卉植物。对人类健康有突出作用的植物主要有以下几类:

(1) 吸收有毒化学物质的植物。芦荟、吊兰、虎尾兰、一叶兰、龟背竹等花卉是天然的清道夫,可以清除空气中的有害物质。仙人掌、令箭荷花、仙人指、量天尺、昙花等植物能增加空气中的负离子。当室内有电视机或电脑启动的时候,负氧离子会迅速减少,而这些植物的肉质茎上的气孔白天关闭,夜间打开,在吸收二氧化碳的同时,放出氧气,使室内空气中的负离子浓度增加。

(2) 驱蚊虫的植物。如蚊净香草和除虫菊等。

(3) 杀病菌的植物。玫瑰、桂花、紫罗兰、茉莉、柠檬、蔷薇、石竹、铃兰、紫薇等芳香花卉产生的挥发性油类具有显著的杀菌作用。

不是所有的植物都适合在居室中摆放。大戟科和瑞香科的部分植物以及铁海棠、变叶木、乌桕、红背桂、油桐、射干、鸢尾等一些常见的观赏花木都含有促癌物质。如果居室中长期放置此类植物,人们有可能由于长期吸入花粉、尘土颗粒等引发癌症。因此,这些植物不宜长期摆放在房间里。

有一些植物散发的气味会给人造成不适,如夹竹桃、月季、兰花、百合等。

有一些花草如果人们碰触、抚摸,容易引起皮肤过敏,如四季樱草、五色梅、洋绣球、天竺葵等。

花卉在装饰环境的同时还可以改善环境。花卉和环境是相互作用、相互影响的。从生物学的角度来看,适合植物生长的环境也同样适合人类居住。通过用观赏植物装饰,既可以美化环境,又可以调节环境中的温度和湿度,减弱噪声,防风固沙,吸收有毒有害气体等。

1.4.2 艺术性

花卉装饰同样应遵循艺术的原则。花卉装饰同园林布景一样,要有艺术感,要给人以美的感受。花卉装饰中不管是室内植物的摆放、室外花坛设计、插花艺术还是压花艺术,都使用了下面几种艺术表现形式:对称与均衡、对比与调和、比例与尺度、多样与统一。对比与调和是创作的重要手段之一,但光有对比或光有调和都是不够的。光有对比,显得生硬;光有调和,就会缺乏生气和活力,显得枯燥乏味。多样统一又称统一和变化,是形式美法则的最高形式,也叫和谐。这项基本法则包含了变化、对称、均衡、对比、调和、节奏、比例等因素。多样统一使人感到既丰富又单纯,既活泼又有秩序,既不杂乱又不单调。多样统一是在统一中有变化,在变化中求统一,过分地追求变化会使室内缺乏整体感,而拘泥于相似或一致,也容易流于刻板。

1.4.3 文化性

文化性是一个抽象的概念，它往往贯穿于整体中，是一种精神、意境的体现。它主要表现为格调和品位。

一、格调

格调即风格。在进行植物配置的时候必须充分考虑与环境整体风格的和谐统一。不同的植物具有各自独特的姿态和气质，有的株形小巧、俏皮可爱；有的造型苍劲、原始粗犷；有的色彩鲜艳、热情奔放；有的细致清秀、简约淡雅。如果装修是简洁明快的现代风格，应该选择以颜色鲜亮的观叶植物为主，配以少量的盆景或插花进行布置。如果装修突出表现自然特色，植物选择就应具有多样性，布置手法随意，充分运用野生观赏植物、蔬菜瓜果以及干花、干枝，植物容器也宜使用自然材料，可以是木质花盆、藤编吊篮，也可以是陶罐瓦钵，自然的材料更增强了室内的自然气息。如果风格是中国传统式的，就应选择具有中国传统文化内涵的经典装饰植物，如梅花、君子兰、中国兰、观赏竹等，栽培器皿也应以具有中国特色的紫砂陶器和青花、粉彩瓷器为主，再点缀盆景和中式插花，使传统的观赏植物和中式的室内装修相得益彰。如果装修是西式古典风格的，装饰植物的选择和布置手法也应具有西洋特色，争奇斗艳的各色花卉、修剪整形的观叶植物、繁复精美的器皿雕饰、中轴对称的布置方式都是重要组成部分。

二、品位

欢乐和嫉妒，欲望和沮丧，孤独和悲伤，忠诚和爱，每种心声都能用植物说出，植物的代表意义和它的传说在我国的《诗经》中就有记载，花语在欧洲英国伊丽莎白女王时期开始为人知悉，到维多利亚时代，每一种花都有了涵义，维多利亚式的花语模式在整个欧洲传播。

运用植物在文化心理中的不同内涵，烘托出环境风格和文化氛围，体现主人的审美品位。例如，松柏、梅花、南天竹、蝴蝶兰等盆景，可体现古朴高雅的传统格调；花大色艳的花中之王牡丹，可增添富贵气派；人们把松柏比作刚毅、毅力的象征；荷花令人想到高洁、无瑕；人们对梅、兰、竹、菊进行颂咏，并称之为“四君子”；传统的松、竹、梅具有共同的品格，谓之“岁寒三友”；兰花，被称之为“花中君子”、“天下第一香”。

在我国民间赏花意识中，吉祥语也是习见应用的。像吉祥草，除叶片清雅可供观赏外，主要取其吉利。再比如“富贵竹”、“发财树”也是当今流行的观赏植物。

本章小结

花卉装饰是根据环境条件和人们的需要，按照科学、艺术的要求，以花卉为材料，根据美学原理，进行合理巧妙的布置，为人们创造一个高雅、优美、和谐的空间。花卉装饰的取材很广泛，可以是盆花、地栽花、水培花卉，也可以是鲜切花或干花、仿真花等。主要类型包括室外和室内花卉装饰，其中室外花卉装饰包括花坛装饰、花境装饰、吊篮与壁篮、花柱、花丛以及各种垂直绿化；室内花卉装饰包括盆栽观叶植物装饰、水培花卉装饰、插花、压花及其他艺术形式。不管以哪种方法来进行花卉装饰，都要遵循一般的美学原理，也要有一定的特点。

复习思考

1. 什么是花卉装饰？
2. 花卉装饰的美学基础是什么？
3. 花卉装饰与其他装饰相比有何特点？

第2章 室外花卉装饰

本章导读

本章介绍了室外花卉装饰的特点和类型。并着重介绍了花坛、花境等形式的植物选材特点和设计方法。

室外花卉装饰,顾名思义就是用花卉来装饰室外环境。室外花卉装饰主要用于园林绿地美化,在园林中的空旷地、林下、坡地上创造出花团锦簇、绿草如茵、荷香拂水的景观与意境。

中国首都北京雄伟壮丽的天安门广场,每年10月1日,都有上千万的人去观看世界大型室外花卉装饰艺术作品——广场花坛。每年都有不同的花,每年都有不同的设计,每年都有新的创意。在举国欢庆的国庆节,如何利用室外花卉装饰来精心装扮节日的广场,取得最好的视觉效果,既要有气魄又要壮观,又要突出花的主题,的确不是一件容易的事情,这就要求设计者拿出大写意的设计造型,在广场上筑起花的海洋。每个造型又要有主题,例如用鲜花组成的几米高的大宫灯,显示出传统的中国节日喜庆的特色;用几组大喷泉组成的花坛,在声、光、色的组合下,极富时代感;更有特色的是在这壮观的广场上,搭起了富有浓厚生活气息,特别有中国风味的小桥流水草屋庭院。成捆的农作物——麦子、水稻、玉米、棉花,还有蔬菜水果——成串的红红的辣椒、大蒜,还有爬蔓的南瓜,架子上的小葫芦以及苹果树、柿子树、石榴树、梨树,装饰在庭院之中给人们带来一股浓郁的农家欢乐丰收的清新之气,引来无数国内外游人驻足。几组不同的造型,矗立在雄伟的广场上,实在是大型室外花卉装饰艺术的上乘之作。

现代室外花卉装饰已经从园林、广场等公共绿地步入庭院等私人空间,步入各种社交礼仪场所。艳丽的鲜花、翠绿的植物给繁忙紧张的现代人带来大自然的清新,带来盎然的春意,装扮着人们的生活,能让你了解生活的美、大自然的美,能够让你学会如何使自己的生活有更多的乐趣;同时陶冶了情操,提高了素质和修养,使我们更加关爱自然。

2.1　室外花卉装饰的环境特点

室外花卉装饰的花卉艺术材料主要是露地花卉，这些花卉要表现出良好的装饰效果，与生长环境密切相关，而影响花卉材料生长的环境因素有光、土壤、肥料、水分、空气和温度等。

2.1.1　光与花卉

花卉植物的生长发育需要光照，一般地说，光照越充足，光合作用越强，制造积累的有机物就越多，生长发育就越好，进而开出大而美的花朵。在充分了解植物材料与光照的关系后，可根据其特点去创造条件满足其对光照的需求，使花卉正常生长发育。

2.1.2　土壤肥料与花卉

一般花卉植物适宜在 pH 值为 6 ~ 7 的弱酸性土壤中生长。如果土壤酸性太大可向土壤中撒石灰或草木灰等，以中和土壤酸性；如果土壤碱性太大，应用过磷酸钙、硫酸亚铁或掺入腐殖类酸性肥料等予以中和。花卉植物适宜在疏松土壤中栽培。一般种植一年生草花的土地翻 20cm 即可，栽培球根类花卉的可深翻到 30cm，在同一块土地上，一般不要连续种植同一种花卉，应实行轮作。地栽花卉应以施有机肥为主，不仅能为花卉生长发育提供大量而且比较完全的各种元素，也可起到疏松土壤、增强团粒结构等作用。

2.1.3　水分与花卉

水分是花卉植物新陈代谢、生长发育最重要的条件之一。“有收无收在于水，收多收少在于肥”，花卉植物必须在适宜的土壤湿度和空气湿度下才能正常进行各种生理活动。土壤的温度直接影响花卉对水分的需求，同时也会影响花卉对各种营养元素的吸收，各种营养元素只有溶解在水中才能被花卉的根系吸收，土壤的湿度直接影响根的呼吸和土壤中微生物的活动，因而也会影响花卉的生长发育。如果水分过分集中或土壤过分干旱都会对花卉的生长发育造成不良的影响。空气湿度对植物生长发育也会产生一定的影响，提高空气湿度对绝大多数花卉生长发育都有利。因此，室外花卉装饰要选择供排水较好的地方。

2.1.4　空气与花卉

空气中主要成分是氮气、氧气、二氧化碳、水蒸汽及其他气体，其中氧气和二氧化碳是花卉进行呼吸作用和光合作用所必需的气体。种子的萌发以及植物各器官的生理活动都需要氧气，各种植物的根均有向气性。土壤的疏松程度直接影响植物根部的呼吸作用。空气中的有害气体也影响着花卉植物的生长发育,其中以二氧化硫、三氧化硫及氮的氧化物危害最为严重。

2.1.5 温度与花卉

温度的高低与花卉植物的生长发育有极密切的关系,植物的光合作用、呼吸作用等生理活动都要受到温度的影响。因此在进行室外花卉装饰时,要根据花卉植物对温度不同的适应性分别做好冬季和夏季管理,对不同的花卉植物采取不同的措施。

总之,花卉植物的科学管理要综合考虑花卉对阳光、土壤肥料、水、空气、温度等环境因素的适应性,并能采取适当措施满足花卉生长的需求,使花卉正常进行各种生理活动,进而使花卉植物生长达到最佳的观赏效果。

2.2 室外花卉装饰的类型

室外花卉装饰主要以花丛、花坛和花境等应用形式构建空间。其植物选择、空间造型、景观观赏效果各有特色。

2.2.1 花　　坛

花坛实际上是用来种花的种植床,不过它不同于苗圃的种植床,它具有一定的几何形状,一般有方形、长方形、圆形、梅花形等,具有较高的装饰性和观赏价值。花坛的风格与外形轮廓均应与周围环境相适应,色泽与纹样要有一定的对比,方能使之生动活泼。需注意的是,图案复杂的,色彩宜简单,如果色彩鲜艳的则纹样应力求简单,这样易取得良好的观赏效果。花坛边缘处理方法很多,为了避免游人踩踏和装饰花坛,在花坛的边缘应设有边缘石及矮栏杆,一般边缘石有砼石、砖、条石以及假山石等。也有不用边缘石的,仅在花坛边缘铺一圈装饰性草皮或种植专用的"装缘植物",如小叶黄杨、书带草、地肤等。

花坛多用于规则式室外园林、庭院装饰的构图中,表现花卉组成的平面图案纹样或华丽的色彩美,不表现花卉个体的形态美。一般需随季节更换材料,以保证获得最佳的景观观赏效果,也可用全年具有观赏价值、生长缓慢、耐修剪的多年生花卉及矮生花灌木组成花坛。

2.2.2 花　　丛

花丛是指将数目不等、高矮及冠幅大小不同的花卉植株组合成丛种植在适宜的园林空间的一种自然式花卉种植形式,是园林绿地中花卉种植的最小单元或组合。每丛花卉由3株至10几株组成,按自然式分布组合。每丛花卉可以是一个品种,也可以为不同品种的混交。注重表现植物开花时的色彩或彩叶植物美丽的叶色。

花丛可用来布置在一切自然式园林绿地或混合式园林的适宜地点，也起点缀装饰的作用。常选用多年生花卉或能自行繁衍的花卉。小庭园里的花丛由于不可能多种，所以更要精选，尤其要选那些适应性强、栽培管理简单，又有寓意，和环境配衬的品种。多个种类混合种植时，应有主有次，高矮有别，疏密有致，富有层次感。种植时应避免大小相等，等距排列。

2.2.3　花　　境

花境是园林绿地中又一种较特殊的种植形式。“花境”英语为 Flowerborder，意指沿着花园的边界或路缘种植花卉，也有花径之意。它与花坛的不同点在于其平面形状较自由灵活，可以直线布设如带状花坛，也可以作曲线布置。它有固定的植床，其长向边线是平行的直线或曲线。但是，其植床内种植的花卉（包括花灌木）以多年生为主，其布置是自然式的，花卉品种可以是单一的，也可以是混交的。

在我国，绝大多数人包括一部分园林设计者对花境认识都还浮浅，相当多的人错误地将花坛中大色块的带状设计误以为就是花境。其实不然，花境与其他花卉应用形式在植物材料选择与配置、景观效果上有着很大的区别。

一、花境与花坛

花坛是在具有几何形轮廓的植床内，种植各种不同色彩的花卉，运用花卉的群体效果来体现图案纹样，或观赏盛花时绚丽景观的一种花卉应用形式。它以突出鲜艳的色彩或精美华丽的纹样来体现其装饰效果。

花境不但可表现花卉自然组合的群体美，还可展示花卉本身特有的自然美。这种美，包括它破土出芽、嫩叶薄绿、花梢初露、鲜花绽放、结果、枯萎等各期景观和季相交换。其基本功能不是绿化而是美化，是点缀装饰。

花坛植物材料宜采用一二年生花卉、部分球根花卉和其他温室育苗的草本花卉类；花境植物应以宿根花卉为主，可适当配以少量的花灌木、球根花卉或一二年生花卉。

花坛布置应选用花期、花色、株型、株高整齐一致的花卉，协调布置；花境中各种花卉的配置比较粗放，不要求花期一致，对植物高矮要求不严，色彩也可不同，但要考虑到同一季节中各种花卉的色彩、姿态、体型及数量的协调和对比，整体构图必须严整，还要注意一年中的四季变化，使一年四季都有花开。

花坛具有规则的、群体的、讲究平面图案色块效果的特点；花境应具有季相变化的、讲究竖向图案景观效果的特点。

二、花境与花带

花带是花坛的一种。凡沿道路两旁、大建筑物四周、广场内、墙垣、草地边缘等设置的长形或条形花坛，统称花带。花境与花带的区别现在愈来愈小，因为花境通常配置成带状形式，主要区别是花境必须是高低错落的，但花带不必。和花境相比，花带虽然也是呈长带状，沿小路两边布置，但其中应用的植物种类比较单一，缺少动态的季相设计和竖向上的立面设计，自然属性和生态功能并不强，它与花境的植物多样、立面层次丰富、季相变化明显等特点有较大差异。

三、花境与花丛

花丛是指由3~5株甚至10几株花卉采取自然式种植方式配置的一种花卉种植类型。组成花丛的花卉,可以是同一类,也可以是不同种类混交。花丛内的花卉种类要少而精,形态和色彩要配置好,并考虑季节的变化,各种花卉多以块状混交为主。从平面轮廓到立面构图都是自然式的,边缘没有镶边植物,与周围草地、树木等没有明显的界限,常呈现一种错综复杂的状态。

花境中选用的植物种类非常丰富,由于其生物学特性不同,具有立面丰富、景观多样化的特点。花境边缘有镶边植物,与周围草地、树木等有明显的界限,两边常是平行的直线或曲线。

花丛栽植以外形相近的植物为主;花境具有丰富的立面设计,宜高低不同的植物进行搭配。

四、花境与花台

花台是一种明显高出地面的小型花坛。一般面积较小,主要观赏花卉的平面效果。多见于城市街头绿地和交通绿岛以及居住区建筑物的入口处绿地,如广场、庭园的中央,或设计在建筑物的正面或两侧。花境的种植床一般与地面持平,但从排水和观赏效果考虑,常使其具有细微的地形起伏。

综上所述,花境所表现的是花卉本身的自然美,这种美,包括它破土出芽、嫩叶薄绿、花梢初露、鲜花绽开、结果、枯萎等各期景观和季相变换;同时也表现观赏花卉自然组合的群体美。花境是介于规则式布置和自然式布置之间的种植形式,适宜于在园林绿地中相应的范围内布置。其基本功能不是绿化而是美化,是点缀装饰。花境既表现了植物个体的自然美,又展示了植物自然组合的群落美。它一次种植后可多年使用,四季有景。由于花境内的花卉一般为多年生的,种植量也较大,为了节省养护管理费用,一方面,要求适地适生;另一方面,还要求一年四季可以观赏,不要使得某段时间土地裸露或枯枝落叶满地。最好能选择花叶兼赏、花期较长的花卉种在花境之中。

中国目前正处于经济蓬勃发展的时期,城市建筑、道路面积不断扩张,花境景观效果好,短期内成景,城市绿地占用面积相对较少,易于维护,符合生态的原则,相信在不久的将来这一园林应用形式将在我国得到广泛推广。

2.2.4 花池、花台

这是两种中国式庭园中常见的栽植形式或种植床的称谓。古典园林中运用较多,现代建筑和园林绿地中更是普遍采用,其实用性很强,艺术效果也很好。

花池,是指在边缘用砖石围护起来的种植床内,灵活自然地种上花卉或灌木、乔木,往往还配置有山石配景以供观赏。这一花木配置方式与其植床,通称为花池,是运用于中国式庭园、宅园内的一种传统手法。花池土面的高度一般与地面标高相差甚少,最高在40cm左右。当花池的高度达到40cm以上,甚至花池脱离地面,为其他物体所支承时,就称之为花台。但最高高度不宜超过1m。

由于花台距地面较高,缩短了人在观赏时的视线距离,因而能获取清晰明朗的观赏效果，便于人们仔细观赏其中的花木或山石的形态、色彩，品味其花香。所以，在我国古典私家园林中运用较广泛。一般设立在门旁、窗前、墙角。其花台本身也能成为欣赏的景物。这也可以认为是一种盆栽形式。因此，最适宜在花台内种植的植物应当是小巧低矮、枝密叶微、树干古拙、形态特殊，或被赋予某种寓意和形象的花木，比如岁寒三友——松、竹、梅，富贵花——牡丹等。

2.2.5　垂直绿化

垂直绿化又叫立体绿化。它是利用攀援植物依附其他物体攀缠向上生长的特性，用来装饰各类建筑及构筑物的立面、阳台、晒台、屋顶、栅栏、篱、垣、棚架、庭廊等处的一种竖向绿化方式。垂直绿化对美化环境有着特殊的作用，是增加城市绿化量的一个重要手段。

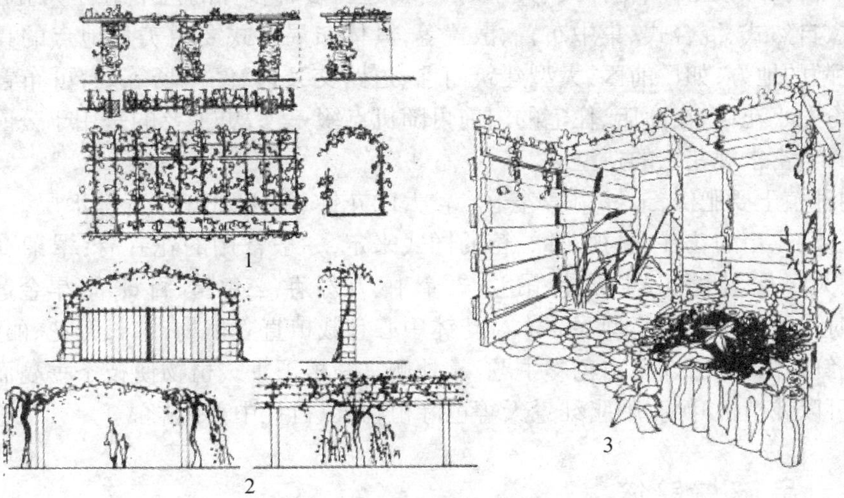

1. 绿廊　2. 绿廊花架　3. 水池花架

图 2-1　垂直绿化

2.2.6　组合立体装饰体

花卉立体装饰是相对于一般平面花卉装饰而言的一种园林装饰手法，包括花球、花柱、花树、花塔等造型组合体。它是一门集园艺、园林、工程、环境艺术等学科为一体的绿化手法，也是近些年发展起来的一种集材料、工艺与环境艺术为一体的先进装饰手段。

组合立体装饰通过适当的载体（各种形式的容器、组合架或钵床、卡盆等基本组合单位），结合先进的灌溉系统，进行造型外观的设计与栽植组合，经过合理的植物配置，将植物的装饰功能从平面延伸到空间，形成三维立体的装饰效果，装饰手法灵活方便，新颖别致，是最能体现设计者创造力与想象力的一种花卉装饰形式。

总的来说，花卉立体装饰具有造型丰富、施工快捷、养护简便、观赏期长、不受场地限制、适应性广等特点。

2.2.7 花　钵

花钵被称作"可移动的花园"，是传统盆栽花卉的改良形式，也是容器形式多样的一种栽培形式。近年来为了美化环境，出现了许多特制的花钵、花箱来代替传统花坛。由于其装饰美化简便，灵活多样，随处可用，尤其对于城乡建筑比较密集和其他一些难以绿化地区的美化，有着特殊的意义。

花钵、箱的样式设计多种多样，平面可以是圆形、半圆形、方形、多边形等，立面可以分单层、多层等。设计的依据是要配合应用地点的环境特点。制作材料可以是木材、水泥、金属、陶瓷、玻璃钢、天然石材、塑料等，大型花钵主要是玻璃钢材质，强度高，外表可以为白色光滑弧面，也可以是仿铜面、仿大理石面等。

美化环境时，可根据钵、箱样式、大小的不同，进行多种多样的艺术组合。组合的形式可以是几何式、自然式、混合式、集中布置、散置等，具体布局形式要由美化地点的具体情况决定。在较宽敞的地方，如厂前区、大型建筑门前、道路交叉口、停车场等处，可布置为样式多变、五彩缤纷的小花坛，在商店、住宅的门前可随机点缀一二，更主要的是用于公园、广场、街道美化装饰，丰富常规花坛的造型。

花钵的种植土要肥沃，最好用培养土。较大的花钵、箱必须有卵石排水层，一年换土一次。用于花钵、花箱的花卉，要视花钵、箱的样式来定，一般常用的花卉有：翠菊、串红、草茉莉、美人蕉、大丽花、小丽花、半支莲、吊兰、矮牵牛、万寿菊、三色堇、百日草、旱金莲、鸡冠花、小菊等，有时也可种植一些小型乔灌木。花钵中心宜栽植直立植物，如长寿花、丽格海棠、彩叶草等颜色鲜艳的种类，以突出色彩主题；靠外侧宜栽植下垂式植物使枝条垂蔓而形成立体的效果，也可以栽植银叶菊、胭脂红景天等色叶植物，以衬托中部色彩。

2.2.8 吊篮与壁篮

一、吊篮

吊篮在欧美已经有百余年的历史，就容器本身而言，形式比较简单，但是可以利用的植物种类多在景观配置上，要求使用者高度参与，同时赋予使用者很大的发挥余地。吊篮的另一个优点是成本比较低，应用范围广，不仅能在公园、街道等公共场所的绿化中发挥作用，在家庭消费市场中也有广阔的前景。

二、壁篮

在花材配置上与吊篮相似，广泛地用于窗台、阳台外的墙体装饰中。采用合适的衬垫材料对于吸水保水、减少浇水次数具有重要作用。

吊篮或壁篮是将花卉栽培于容器中且悬吊于空中或挂置于墙壁上的应用方式，悬吊装饰不仅节省地面空间，形式灵活，还可以形成优美的立体植物景观。其最初流行于北欧，形状多为半球形、球形，是从各个角度展现花材立体美的一种立体花卉装饰形式，多用金属、塑料或木材等作成网篮，以玻璃钢、陶土作成花盆式吊篮。吊篮与壁篮是应用范围最广的花卉形式，广泛应用于门厅、墙壁、街头、广场以及其他空间狭小的地方，多以花卉鲜艳的色彩或观叶植物奇特的悬垂效果作为点缀环境的主要手法之一。

壁篮是固定于墙面的一种悬吊形式，通常是在一侧平直、固定于墙面的壁盆或壁篮中栽植观叶、观花等各种适于悬吊观赏的花卉，固定于墙面、门扉、门柱等处进行装饰。用于壁挂装饰的容器要求比较轻巧，通常用木质、金属网、竹器、塑料制品等，造型上可以是方形、半球形、半圆形等，固定时要使盆壁与墙面紧贴，不能前倾，否则既不安全也不美观。

吊篮是在各种不同材质及造型的吊篮、吊袋、吊盆中栽植适于悬吊观赏的花卉，悬挂于空间装饰环境的一种花卉应用形式。悬吊式花卉装饰可广泛应用于门廊、门框、窗前、阳台、天花板、屋据下、角隅处、棚架下、枯树枝上等。根据装饰的环境选择球形、半球形、柱形等规则式造型或开展式、下垂式等自然式造型，使得空间环境极富装饰性或增添自然的情趣。悬吊式花卉装饰多为立体造型，可供上下及四面观赏；或者用造型优美的容器栽植直立式或蔓性花卉，使蔓性花卉悬垂于容器四周形成饰品。悬吊式花卉饰品中，容器及吊绳均为作品构成的一部分，须选择适宜的色彩、材质及造型。

悬吊式花卉装饰形式因悬在空中，随风摇曳，须选择轻型容器及栽培基质。吊篮（盆）容器种类丰富，材质多样，如塑胶制品、金属网、柳编等。为了防止土壤外漏并保持水分，金属网篮类的容器须在四周放些苔藓、棕皮或麻袋片铺垫。

悬吊式花卉装饰的悬吊用绳，应选择耐水湿、坚实耐用又美观大方的塑料绳、麻绳、皮革制绳及各种色泽和造型的金属链。吊绳应从色彩、质感、粗细等方面与容器及整体花饰作品协调一致，另外，用于悬吊花卉的吊钩必须牢固。为了便于管理还可用滑轮做成可升降式吊钩。

吊篮侧面宜配植瀑布式植物，例如盾叶天竺葵、波浪系列矮牵牛、半边莲、常春藤等，易于形成球形效果；中间栽植直立式植物，例如直立形花卉矮牵牛、长寿花、风仙花、丽格海棠等，突出色彩主题。根据植物的种类和生长习性，25cm 吊篮可配植 4～6 棵植物，20cm 吊篮可配植 2～3 棵植物，而 15cm 吊篮只能栽植 1～2 棵株型较小的植物。

2.3 花坛装饰技艺

2.3.1 花坛的含义与作用

一、概述

花坛是一种古老的花卉应用形式，源于古罗马时代的文人园林，16 世纪在意大利园林中广泛应用，17 世纪在法国凡尔赛宫中达到了高潮，那时大量使用的是彩结式模纹花坛群。

花坛的最初含义是在具有几何形轮廓的植床内，种植各种不同色彩的花卉，运用花卉的群体效果来体现图案纹样，或观赏盛花时绚丽景观的一种花卉应用形式。它以突出鲜艳的色彩或精美华丽的纹样来体现其装饰效果。

早期的花坛具有固定地点，几何形植床边缘用砖或石头镶嵌，形成花坛的周界。随着时代的变迁和文化交流，花坛形式也在变化和拓宽，由最初的平面地床或沉床（花坛植床稍低于地面）花坛拓展出斜面、立面及活动式等多种类型。现代工业的发展，为花坛施工技术的提高、盆钵育苗方法的改进提供了可能性，使得许多在花坛意义上的花卉应用新设想得以实现，为这一古老的花卉应用形式带来了新的生机。

二、花坛的作用

花坛有美化环境、组织交通和渲染气氛等作用。

1. 美化环境

有生命力的花卉组成的花坛，有较高的装饰性，是美化环境的一种较好方式。在住宅小区、写字楼等高密度建筑楼群间，设置色彩鲜艳的花坛，可以打破建筑物造成的沉闷感，增加色彩，令人赏心悦目。在剧院、车站前广场及商业性大厦等公共建筑前设置花坛，可以很好地装饰环境，结合花坛造型，还兼有渲染气氛的作用。在公园、风景名胜及游览地布置花坛，不仅美化环境，还可构成一景点。城市立交桥、高速公路边不宜种植高大树木，若布置花坛，则可丰富城市道路景观，使城市具有现代风貌。在上述这些场合，若设计成有主题思想的花坛，还能起到宣传作用。

2. 基础性装饰

花坛可设置在建筑墙基及喷泉、水池的边缘或四周，以及雕塑、孤赏山石、广告牌等基座周围，使主体建筑醒目突出，富有生气。

3. 组织交通

交通路口的安全岛、较开阔的广场、草坪及宽阔的道路均可设置花坛，具有分隔空间、分道行驶和组织行人路线的作用。

4. 渲染气氛

盛花花坛五彩缤纷，其体量、形状及样式多种多样，节日期间布置于各种场所，给城市披上盛装，可增添热烈和欢快的气氛。立体及模纹式花坛以醒目的纹样和宣传主题呈现在人们眼前，又可起到渲染气氛和良好的宣传作用。

2.3.2 花坛的类型

现代花坛式样极为丰富，某些设计形式已远远超出了花坛最初的含义。现将具有花坛基本特征的设计形式归类如下。

一、根据花材分类

1. 盛花花坛（花丛花坛）

主要由观花草本植物组成，表现盛花时群体的色彩美或绚丽的景观。可由同种花卉不同品种或不同花色的群体组成，也可由不同花色的多种花卉的群体组成。

2. 模纹花坛

主要由低矮的观叶植物或花和叶兼美的植物组成，表现群体组成的精美图案或装饰纹样。包括毛毡花坛、浮雕花坛和彩结花坛等。

3. 毛毡花坛

由各种观叶植物组成精美的装饰图案，植物修剪成同一高度，表面平整，宛如华丽的地毯。

4. 浮雕花坛

依花坛纹样变化，植物高度有所不同，部分纹样凸起或凹陷。凸出的纹样模多由常绿小灌木组成，凹陷面多栽植低矮的草本植物；也可以通过修剪，使同种植物因高度不同而呈现凸凹，整体上具有浮雕的效果。

5. 彩结花坛

花坛内纹样模仿绸带编成绳结式样，图案的线条粗细一致，并以草坪、砾石或卵石为底色。这种样式在16 世纪西方国家曾流行一时，后逐渐消退了。

6. 现代花坛

常见2 种类型相结合的形式。例如，在规则式几何形植床中，中间为盛花的布置形式，边缘用模纹式；或在立体花坛中，立面为模纹式，基部为水平的盛花式，等等。

二、根据植物的观赏要求不同分类

1. 盛花花坛

盛花花坛主要欣赏草花盛花期华丽鲜艳的色彩，因而作盛花花坛的草花应选择高矮一致、开花整齐、花期一致、花期较长的植物，一种、两种多至三种搭配在一起。叶大花小、叶多花少的草花不宜做盛花花坛的材料。盛花花坛观赏价值高，但观赏期短，需要经常更换草花，延长花坛的观赏期，经营费工，适宜于重点应用。

2. 模纹花坛

它是利用不同色彩的观叶植物所构成的精美图案、纹样或文字等。模纹花坛要经常修剪以保证纹样的清晰，其优点在于观赏期长，如果加强管理，在哈尔滨地区能保持整个生长期，而在南方都用作秋季花坛。用作模纹花坛的材料应该选择生长矮小、生长较慢、枝叶繁茂、耐修剪的植物，常用的有五彩苋、小叶红、雪叶莲、佛脚草、火艾、白花紫露草等，并用四季海棠、天竺葵、景天树、龙舌兰、球桧、苏铁等点缀其间。此外还可利用矮生的雀舌黄杨、瓜子黄杨等构成精美的图案。模纹花坛的平面布置像一条织花地毯，故又有毛毡花坛之称，布置在斜坡或立面上，可以构成壁毯或浮雕，十分新颖动人，若布置成立体，则构成立体花坛。模纹花坛亦可与雕塑或雕塑小品结合，效果很好。

3. 立体花坛

立体花坛是向立面发展的模纹花坛，亦可称为毛毡花坛的立体造型。它是以竹木结构或钢筋为骨架的各种泥制造型，在其表面种植五彩草而成为一种立体装饰物。这是五彩草与造型艺术的结合，形同雕塑。这种花坛大部分是以瓶饰、花篮等形式出现，此外有日晷、狮、虎、孔雀、海豹、盘龙柱等动物造型，观赏效果很好。在杭州市湖滨的主体花坛常结合十二生肖进行设计，有斗牛、二龙戏珠、龙腾虎跃、飞马等。毛毡花坛立体发展成园林建筑造型的，效果也很好。亦有用菊花造型的。

4. 草皮花坛

用草皮和花卉配合布置形成的花坛，一般来说是以草皮为主，花卉仅作点缀，如镶在草皮边缘或布置在草皮的中心或一角。这种花坛投资少，管理方便，为目前布置花坛广为应用，或把花坛嵌镶在草皮内。

5. 木本植物花坛

利用木本植物布置的花坛具有一劳永逸的优点，尤其在北方可以避免冬季花坛呈现光秃或萧条的景象。木本植物是以开花灌木为主,而常绿针叶树常被用为花坛的中心,周围用绿篱或栏杆围起来。

6. 混合花坛

混合花坛是由草皮、草花、木本植物和假山石等材料所构成的。

7. 独立花坛

独立花坛大多作为局部构图中心,一般布置在轴线的交点、道路交叉口或大型建筑前的广场上。独立花坛的面积不宜过大,若是太大,须与雕塑、喷泉或树丛等结合起来布置,才能取很良好的效果。

8. 花坛群

它是由许多花坛组成为不可分割的整体。组成花坛群的各花坛之间是以小路或草皮互相联系的。布置花坛群的用苗量大,管理费工,造价高,故非在重点布置的地方不随便应用。若布置成草皮花坛群则可节省许多工本费,可广为应用。

9. 带状花坛

花坛的外形为狭长形,长度比宽度大三倍以上,可以布置在道路两侧、广场周围或作大草坪的镶边。把带状花坛分成若干段落,作有节奏的简单重复。

三、根据空间位置分类

1. 平面花坛

花坛表面与地面平行,主要观赏花坛的平面效果,包括沉床花坛或稍高出地面的花坛。

2. 斜面花坛

花坛设置在斜坡或阶地上,也可以布置在建筑的台阶两旁或台阶上,花坛表面为斜面,是主要观赏面。

3. 立体花坛

花坛向空间伸展,具有竖向景观,是一种超出花坛原有含义的布置形式,它以四面观为多。常包括造型花坛、标牌花坛等形式。造型花坛是以模纹花坛的手法,运用五色草或小菊等草本观叶植物制成各种造型物,如动物、花篮、花瓶、亭、塔等,前面或四周用平面式装饰。标牌花坛是用植物材料组成的竖向牌式花坛,多为一面观。可以是落地的,也可以借助建筑材料(砖、木板、钢管、铁架等)搭成骨架,植物材料种植在栽植箱或花盆中,绑扎或摆放在骨架上,使图案成为距地面一定高度的垂直或斜面的广告宣传牌样式。

四、根据花坛的组合分类

1. 独立花坛

即单体花坛,常设在广场、公园入口等较小环境中。

2. 花坛群

由相同或不同形式的数个单体花坛组成,但在构图及景观上具有统一性。多设置在面积较大的广场、草坪或大型的交通环岛上。花坛群应具有统一的底色,或草坪或铺装广场,以突出其整体感。花坛群中的单体花坛在设计构图中是整体的一部分,格调应一致,但可有主次之分。花坛群还可以结合喷泉和雕塑布置,后者可作为花坛群的构图中心,也可作为装饰。花坛群中的诸因子(底色、单体花坛、喷泉及雕塑等)紧密结合,形成花坛群的景观。

常见的另一种单体花坛组合形式,称为花坛组,是同一个环境中设置的多个花坛。不同于花坛群之处在于各个单体花坛之间的联系不是非常紧密，只是在某一局部环境总体布置中它们是多个相同的因子。如沿路布置的多个带状花坛、建筑物前作基础装饰的数个小花坛等。

2.3.3　花坛的设计

花坛在环境中可做为主景，也可做为配景。形式与色彩的多样性决定了它在设计上也有广泛的选择性。花坛的设置首先应在风格、体量、形状诸方面与周围环境相协调，其次才是花坛自身的特色。例如在民族风格的建筑物前设计花坛，应选择具有中国传统风格的图案纹样和形式；在现代风格的建筑物前可设计有时代感的一些抽象图案，形式力求新颖。

花坛的体量、大小也应与花坛设置的广场、出入口及周围建筑的高低成比例，一般不应超过广场面积的1/3，不小于1/5。出入口设置花坛以既美观又不妨碍游人路线为原则，在高度上不可遮住出入口的视线。花坛的外部轮廓也应与建筑物边线、相邻的路边和广场的形状协调一致。色彩应与所在环境有所区别，既起到醒目和装饰作用，又与环境协调，融于环境之中，形成整体美。

花坛设于广场和道路的中央、两侧及周围等处，主要是规则式（或称整形式）应用。有单独或连续带状及成群组合等类型。外形多样，内部花卉组成的纹样，多采用对称的图案。花坛要求经常保持鲜艳的色彩和整齐的轮廓，因此，多选用植株低矮、生长整齐、花期集中、株丛紧密而花色艳丽（或观叶）的种类，一般还要求便于经常更换及移栽布置，故常选用一二年生花卉。

植株的高度与形状，和花坛纹样与图案的表现效果有密切关系。如低矮紧密而株丛较小的花卉，适合于表现花坛平面图案的变化，可以显示出较细致的花纹，故可用于毛毡（模纹）花坛的布置。如五色苋类、白草、香雪球、蜂室花、三色堇、雏菊、半支莲、半边莲及矮翠菊等。也有运用草坪或彩色石子等镶嵌来配合布置的。根据采用花纹的不同，可表现宽仅10～20cm的花纹图案，植株高度可控制在6～20cm。有些花卉虽然生长高大，但可利用其扦插苗或播种小苗就可观赏的特性，也用于毛毡花坛，如孔雀草、矮一串红、矮万寿菊、荷兰菊、彩叶草及四季秋海棠等。花丛花坛是以开花时整体的效果为主，表现出不同花卉的种类或品种的群体及其相互配合所显示的绚丽多彩与优美外貌。因此，在一个花坛内，不在于种类繁多，而要图样简洁，轮廓鲜明，体形有对比，才能获得良好的效果。宜选用花色鲜明艳丽，花朵繁茂，在盛开时几乎看不到枝叶，又能良好覆盖花坛土面的花卉。常用的有三色堇、金盏菊、金鱼草、紫罗兰、福禄考、石竹类、百日草、一串红、万寿菊、孔雀草、美女樱、凤尾鸡冠、翠菊、霍香蓟及菊花等。球根花卉如水仙类、郁金香、风信子等，由于其花色鲜艳，花期早，也常用作早春花丛花坛布置。因其植株叶少而土面裸露，可在株间配植低矮而枝叶繁茂美观的二年生花卉，如三色堇、雏菊、勿忘草、花亚麻等作为球根花开的衬托；但也可用植株高过主要观赏的球根花卉，而高出部分为轻盈的小花着生于疏松的大花序上的种类，如霞草、高雪轮、蛇目菊、山桃草（*Gaura lindheimeri*）等，使小花似雾状或繁星状罩于其上，运用得当能取得意想不到的效果。但不论何种配植方式，都应注意陪衬种类要单一，花色要协调。

花坛中心宜选用较高大而整齐的花卉材料，如美人蕉、扫帚草、毛地黄、高金鱼草等；也有用树木的，如苏铁、蒲葵、海枣（phoenix）、凤尾兰（Yucca）、雪松、云杉及修剪的球形黄杨、龙柏等。花坛的边缘也常用矮小的灌木绿篱或常绿草本作镶边栽植,如雀舌黄杨、紫叶小檗、葱兰、沿阶草等。

具体来说,几种花坛设计如下:

一、盛花花坛的设计

1. 植物选择

以观花草本为主体,可以是一二年生花卉,也可用多年生球根或宿根花卉。可适当选用少量常绿及观花小灌木作辅助材料。

一二年生花卉为花坛的主要材料,其种类繁多,色彩丰富,成本较低。球根花卉也是盛花花坛的优良材料,色彩艳丽,开花整齐,但成本较高。适合作花坛的花卉应株丛紧密、着花繁茂,理想的植物材料在盛花时应完全覆盖枝叶,要求花期较长,开放一致,至少保持一个季节的观赏期。如为球根花卉,要求栽植后开花期一致。花色明亮鲜艳,有丰富的色彩幅度变化,纯色搭配及组合较复色混植更为理想,更能体现色彩美。不同种花卉群体配合时,除考虑花色外,也要考虑花的质感相协调,这样才能获得较好的效果。植株高度依种类不同而异,但以选用 10~40cm 的矮性品种为宜。此外要移植容易,缓苗较快。如表 2-1 所示。

表 2-1 花坛常用花材一览表

中名	科名	株高(cm)	花色								花期(月份)	栽培类型
			紫红	红	粉	白	黄	橙	蓝紫	堇紫		
盛花花坛适用花卉												
藿香蓟	菊科	40~60							√		4~10	一年生
心叶藿香蓟	菊科	30							√		5,10	一年生
金鱼草	玄参科	45~60	√	√	√	√	√				5~7,10	二年生
天冬草	百合科	40									观叶,全年	宿根
荷兰菊	菊科	50							√		8~10	宿根
雏菊	菊科	15~20		√	√	√	√				4~5	二年生
红叶苋菜	藜科	40	√								3~10	二年生
羽衣甘蓝	十字花科	30~40	√	√	√		√				3~11	二年生
金盏菊	菊科	30~40					√	√			4~6	二年生
翠菊	菊科	10~30	√	√	√				√		5~6,7~10	一年生
大花美人蕉	美人蕉科	100~300		√	√		√				8~10	球根
鸡冠花	苋科	15~60	√	√			√	√			8~10	一年生
桂竹香	十字花科	30~60	√	√	√	√					4~6	二年生
彩叶草	唇形科	50~80									观叶,5~10	一年生
大丽花	菊科	40~60	√	√	√	√	√	√	√	√	8~10	球根
须苞石竹	石竹科	40~50	√	√	√	√					5~6	二年生
锦团石竹	石竹科	20~30		√	√						5~6	二年生
银边翠	大戟科	50~80				√					7~10	一年生
一品红	大戟科	60~70		√	√	√	√				10	木本
霞草	石竹科	40~50				√					4~6	一年生
风信子	百合科	15~25	√	√	√	√			√		5~6	球根

续表

中名	科名	株高(cm)	花色								花期(月份)	栽培类型
			紫红	红	粉	白	黄	橙	蓝紫	堇紫		
凤仙花	凤仙花科	60~80		√	√	√					6~8,10	一年生
阔叶麦冬	百合科	40									观叶,全年	宿根
香雪球	十字花科	15~20				√					6~10	二年生
紫罗兰	十字花科	40~60	√			√					5	二年生
葡萄风信子	百合科	15~20							√		3~5	球根
喇叭水仙	石蒜科	35~40					√				4	球
天竺葵	牻牛儿苗科	30~60	√	√	√	√	√				5~6,9~10	亚灌木
矮牵牛	茄科	30~40		√	√	√		√			4~5,6~8	一年生
福禄考	花葱科	15~25	√	√	√	√	√			√	5~8	一年生
半支莲	马齿苋科	15~20	√	√	√	√	√	√			6~8,9~10	一年生
一串红	唇形科	30~60		√							5~6,9~10	一年生
高雪轮	石竹科	60		√		√				√	5~6	二年生
矮雪轮	石竹科	30			√	√					5~6	二年生
孔雀草	菊科	20~40						√			6~10	一年生
郁金香	百合科	20~40	√	√	√	√	√	√	√	√	4	球根
美女樱	马鞭草科	30~40	√	√	√	√			√		5~10	二年生
三色堇	堇菜科	10~20	√			√	√			√	5	二年生
葱莲	石蒜科	15~25				√					7~11	球根
韭莲	石蒜科	15~25			√						6~9	球根
百日草	菊科	15~55	√	√	√	√					7~10	一年生
白草	景天科	5~100									观叶,叶白绿	宿根
四季秋海棠	秋海棠科	20~25			√						5~10	宿根
半边莲	半边莲科	15~30							√		4~6	宿根
花坛中心适用的花材												
龙舌兰	龙舌兰科	100									观叶,叶灰绿	宿根
叶子花	紫茉莉科	100~200	√	√	√	√	√	√	√	√	9~10	木本
苏铁	苏铁科	200~300									观叶,全年	木本
大叶黄杨	卫矛科	100~200									观叶,全年	木本
橡皮树	桑科	200~300									观叶,全年	木本
扫帚草	藜科	100~150									观叶,6~9	木本
蒲葵	棕榈科	200~300									观叶,全年	木本
桂花	木犀科	200~250				√	√				9~10	木本
海桐	海桐科	200									观叶,全年	木本
长叶刺葵	棕榈科	300~500									观叶,全年	木本
杜鹃	杜鹃花科	200~300		√	√	√		√		√	5~6	木本
凤尾兰	百合科	150~200				√					9~10,观叶	宿根
模纹花坛适用花卉												
小叶红	苋科										叶暗紫红	宿根
红绿草	苋科										叶色丰富	宿根
尖叶红叶苋	苋科										叶暗紫红	宿根

2. 色彩设计

盛花花坛表现的主题是花卉群体的色彩美，因此在色彩设计上要精心选择不同花色的花卉巧妙地搭配。一般要求鲜明、艳丽。如果有台座，花坛色彩还要与台座的颜色相协调。

盛花花坛常用的配色方法有：

(1) 对比色应用：这种配色较活泼而明快。深色调的对比较强烈，给人兴奋感，浅色调的对比配合效果较理想，对比不那么强烈，柔和而又鲜明。如堇紫色 + 浅黄色（堇紫色三色堇 + 黄色三色堇、霍香蓟 + 黄早菊、荷兰菊 + 三色堇），绿色 + 红色（扫帚草 + 星红鸡冠）等。

(2) 暖色调应用：类似色或暖色调花卉搭配，色彩不鲜明时可加白色以调剂，并提高花坛明亮度。这种配色鲜艳，热烈而庄重，在大型花坛中常用。如红 + 黄或红 + 白 + 黄（黄早菊 + 白早菊 + 一串红或一品红、金盏菊或黄三色堇 + 白雏菊或白色三色堇 + 红色美女樱）。

(3) 同色调应用：这种配色不常用，适用于小面积花坛及花坛组，起装饰作用，不作主景。如白色建筑前用纯红色的花，或由单纯红色、黄色或紫红色的单色花组成的花坛组。

色彩设计中还要注意其他一些问题：

(1) 一个花坛配色不宜太多。一般花坛 2 ~ 3 种颜色，大型花坛 4 ~ 5 种足矣。配色多而复杂难以表现群体的花色效果，显得杂乱。

(2) 在花坛色彩搭配中注意颜色对人的视觉及心理的影响。如暖色调给人在面积上有扩张感，而冷色则收缩，因此设计各色彩的花纹宽窄、面积大小要有所考虑。例如，为了达到视觉上的大小相等，冷色用的比例要相对大些才能达到设计意图。

(3) 花坛的色彩要和它的作用相结合考虑。装饰性花坛、节日花坛要与环境相区别，组织交通用的花坛要醒目，而基础花坛应与主体相配合，起到烘托主体的作用，不可过分艳丽，以免喧宾夺主。

(4) 花卉色彩不同于调色板上的色彩，需要在实践中对花卉的色彩仔细观察才能正确应用。同为红色的花卉，如天竺葵、一串红、一品红等，在明度上有差别，分别与黄早菊配用，效果不同。一品红红色较稳重，一串红较鲜明，而天竺葵较艳丽，后两种花卉直接与黄早菊配合，也有明快的效果，而一品红与黄早菊中加入白色的花卉才会有较好的效果。同样，黄、紫、粉等各色花在不同花卉中明度、饱和度都不相同，仅据书中文字描述的花色是不够的。也可用盛花花坛形式组成文字图案，这种情况下用浅色（如黄、白）作底色，用深色（如红、粉）作文字，效果较好。

3. 图案设计

外部轮廓主要是几何图形或几何图形的组合。花坛大小要适度。在平面上过大，在视觉上会引起变形。一般观赏轴线以 8 ~ 10m 为度。现代建筑的外形趋于多样化、曲线化，在外形多变的建筑物前设置花坛，可用流线或折线构成外轮廓，对称、拟对称或自然均可，以求与环境协调（图 2-2）。

内部图案要简洁，轮廓明显。忌在有限的面积上设计繁琐的图案，要求有大色块的效果。一个花坛即使用色很少，但图案复杂则花色分散，不易体现整体色块效果。

盛花花坛可以是某一季节观赏的花坛，如春季花坛、夏季花坛等，至少保持一个季节内有较好的观赏效果。但设计时可同时提出多季观赏的实施方案，可用同一图案更换花材，也可另设方案，一个季节花坛景观结束后立即更换下季材料，完成花坛季相交替。

图 2-2　花坛轮廓形状

二、模纹花坛的设计

模纹花坛主要表现植物群体形成的华丽纹样，要求图案纹样精美细致，有长期的稳定性，可供较长时间的观赏。

1. 植物选择

植物的高度和形状对模纹花坛纹样表现有密切关系，是选择材料的重要依据。低矮、细密的植物才能形成精美细致的华丽图案。典型的模纹花坛材料如五色草类及矮黄杨都符合下述要求：

（1）以生长缓慢的多年生植物为主，如红绿草、白草、尖叶红叶苋等。一二年生草花生长速度不同，图案不易稳定，可选用草花的扦插、播种及植株低矮的花卉作图案的点缀。前者如紫宛类、孔雀草、矮生一串红、四季秋海棠等，后者有香雪球、雏菊、半支莲、三色堇等，但把它们布置成图案主体则观赏期相对较短，一般不使用。

（2）以枝叶细小、株丛紧密、萌蘖性强、耐修剪的观叶植物为主。通过修剪可使图案纹样清晰，并维持较长的观赏期。枝叶粗大的材料不易形成精美的纹样，在小面积花坛上尤不适用。观花植物花期短，不耐修剪，若使用少量作点缀，也以植株低矮、花小而密者效果为佳。植株矮小或通过修剪可控制在 5 ~ 10cm 高，以耐移植、易栽培、缓苗快的材料为佳。

2. 色彩设计

模纹花坛的色彩设计应以图案纹样为依据，用植物的色彩突出纹样，使之清晰而精美。如选用五色草中红色的小叶红或紫褐色小叶黑与绿色的小叶绿描出各种花纹。为使之更清晰，还可以用白绿色的白草种在两种不同色草的界限上，以突出纹样的轮廓。

3. 图案设计

模纹花坛以突出内部纹样精美华丽为主，因而植床的轮廓以线条简洁为宜，可参考盛花花坛中较简单的外形图案。面积不易过大，尤其是平面花坛，面积过大在视觉上易造成图案变形。

内部纹样可较盛花花坛精细复杂些，但点缀及纹样不可过于窄细。以红绿草类为例，不可窄于5cm，一般草本花卉以能栽植2株为限。设计条纹过窄则难以表现图案，纹样粗宽色彩才会鲜明，使图案清晰。

（1）内部图案可选择的内容广泛，如仿照某些工艺品的花纹、卷云等，设计成毯状花纹；用文字或文字与纹样组合构成图案，如国旗、国徽、会徽等，设计要严格符合比例，不可改动，周边可用纹样装饰，用材也要整齐，使图案精细，多设置于庄严的场所；名人肖像，设计及施工均较严格，植物材料也要精选，从而真实体现名人形象，多布置在纪念性园地；也可选用花篮、花瓶、建筑小品、各种动物、花草、乐器等图案或造型，可以是装饰性的，也可以有象征意义。此外还可利用一些机器构件如电动马达等与模纹图案共同组成各种计时器。常见的有日晷的底盘，在底盘的南方立一倾斜的指针，在晴天时指针的投影可从7时至下午5时指出正确时间。

（2）时钟花坛：用植物材料作时钟表盘，中心安置电动时钟，指针高出花坛之上，可正确指示时间，设在斜坡上观赏效果好。

（3）日历花坛：用植物材料组成“年”、“月”、“日”或“星期”等字样，中间留出空位，用其他材料制成具体的数字填于空位，每日更换。日历花坛也宜设于斜坡上。

三、立体花坛的设计

1. 标牌花坛

花坛以东、西两向观赏效果好，南向光照过强，影响视觉，北向逆光，纹样暗淡，装饰效果差。也可设在道路转角处，以观赏角度适宜为准。有两种方法：其一是用五色苋等观叶植物作为表现字体及纹样的材料，栽种在15cm×40cm×70cm的扁平塑料箱内。完成整体图样的设计后，每箱依照设计图案中所涉及的部分扦插植物材料，各箱拼组在一起则构成总体图样。之后，把塑料箱依图案固定在竖起（可垂直，也可为斜面）的钢木架上，形成立面景观。其二是以盛花花坛的材料为主，表现字体或色彩，多为盆栽或直接种在架子内。架子为阶式则一面观为主，架子呈圆台或棱台样阶式可作四面观。设计时要考虑阶梯间的宽度及梯间高差，阶梯高差小形成的花坛表现较细密。用钢架或砖及木板制成架子，然后花盆依图案设计摆放其上，或栽植于种植槽式阶梯架内，形成立面景观。

设计立体花坛时要注意高度与环境协调。种植箱式可较高，阶式不易过高。除个别场合利用立体花坛作屏障外，一般应在人的视觉观赏范围之内。此外，高度要与花坛面积成比例。以四面观圆形花坛为例，一般高为花坛直径的1/4～1/6较好。设计时还应注意各种形式的立面花坛不应露出架子及种植箱或花盆，充分展示植物材料的色彩或组成的图案。此外还要考虑实施的可能性及安全性，如钢木架的承重及安全问题等（图2-3）。

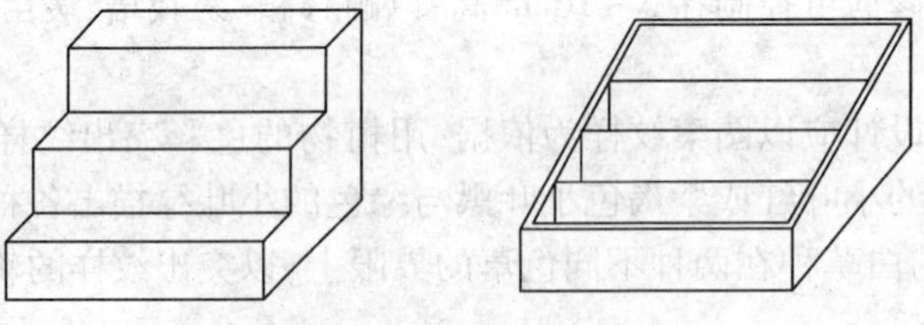

a　　　　　　　　b

a. 阶梯式　b. 种植槽式

图2-3　种植箱框架示意图

2. 造型花坛

造型物的形象依环境及花坛主题来设计,可为花篮、花瓶、动物、图徽及建筑小品等,色彩应与环境的格调、气氛相吻合,比例也要与环境协调。运用毛毡花坛的手法完成造型物,常用的植物材料如五色草类及小菊花等。为施工布置方便,可在造型物下面安装有轮子的可移动基座。

四、花坛设计图绘制

运用小钢笔墨线、水粉、水彩、彩笔等绘制均可(图 2-4、图 2-5)。

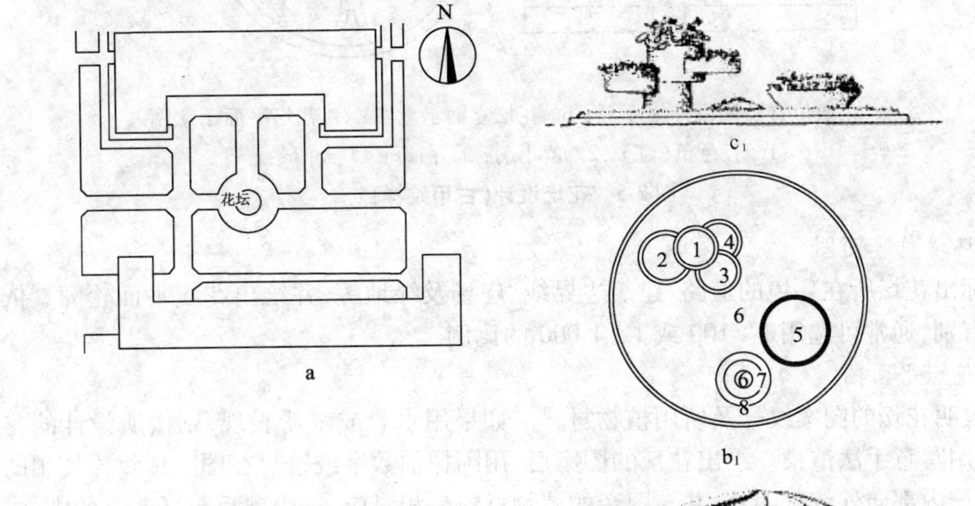

a. 花坛周围环境示意; b_1. 方案 1 的花坛平面图

[图内 1. 旱金莲; 2. 三色堇(黄); 3. 三色堇(蓝); 4、5. 金盏菊(黄); 6. 五色苋(绿); 7. 五色苋(紫)];

C_1. 方案 1 的立面效果图; b_2. 方案 2 的花坛平面图

[图内 1. 郁金香(红); 2. 风信子(蓝); 3. 水仙(黄); 4. 花毛茛(白)];

C_2. 方案 2 的立面效果图; b_3. 方案 3 的花坛平面图

[图内 1. 五色苋(绿); 2. 五色苋(紫); 3. 白草(白)]; C_3. 方案 3 的立面效果图

图 2-4　花坛设计

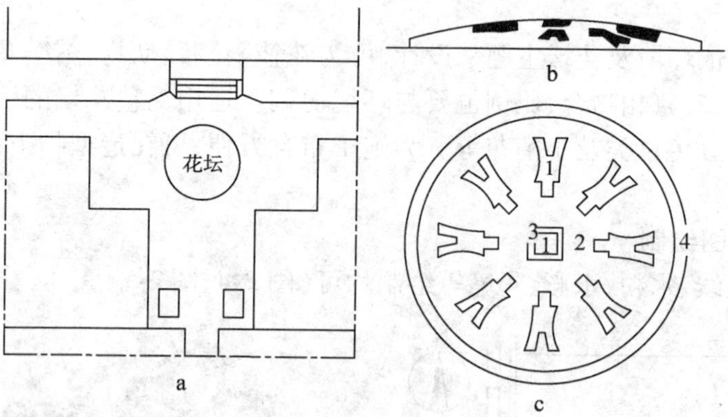

a. 花坛位置及周围环境示意；b. 花坛立面示意图；c. 花坛平面示意图

1. 五色草(红)；2. 黄小菊；3. 白草；4. 天门冬

图 2-5　花坛设计(古币纹样)

1. 环境总零面图

应标出花坛所在环境的道路、建筑边界线、广场及绿地等，并绘出花坛平面轮廓。依面积大小有别，通常可选用 1∶100 或 1∶1 000 的比例。

2. 花坛平面图

应表明花坛的图案纹样及所用植物材料。如果用水彩或水粉表现，则按所设计的花色上色，或用写意手法渲染。绘出花坛的图案后，用阿拉伯数字或符号在图上依纹样使用的花卉，从花坛内部向外依次编号，并与图旁的植物材料表相对应，表内项目包括花卉的中文名、拉丁学名、株高、花色、花期、用花量等，以便于阅图。若花坛用花随季节变化需要轮换，也应在平面图及材料表中予以绘制或说明。

3. 立面效果图

用来展示及说明花坛的效果及景观。花坛中某些局部，如造型物等细部必要时需绘出立面放大图，其比例及尺寸应准确，为制作及施工提供可靠数据。立体阶式花坛还可绘出阶梯架的侧剖面图。

4. 设计说明书

简述花坛的主题、构思，并说明设计图中难以表现的内容，文字宜简练，也可附在花坛设计图纸内。对植物材料的要求，包括育苗计划，用苗量的计算，育苗方法，起苗、运苗及定植要求，以及花坛建立后的一些养护管理要求等。

上述各图可布置在同一图纸上，注意图纸布图的整体效果。也可把设计说明书另列出来。

花坛用苗量计算如下：

$$\text{A 种花卉用株数} = \frac{\text{栽植面积}}{\text{株距} \times \text{行距}} = \frac{1\text{m}^2}{\text{株距} \times \text{行距}} \times \text{所占花坛面积}$$

$$= 1\text{m}^2 \text{ 所栽株数} \times \text{花坛中占的总面积}$$

公式中株行距以冠幅大小为依据，以不露地面为准。

实际用苗量算出后，要根据花圃及施工的条件留出 5% ~14% 的耗损量。花坛总用苗量的计算：(A + A ×5% ~15%) + (B + B ×5% ~10%) + ……。如表 2-2 所示。

表 2-2　植物材料用苗量参照表

花卉名称	株数/m^2
五色草类	400～500
雏菊	36
金盏菊	36
鸡冠花	25
凤仙花	16
紫茉莉	9
半支莲	36
一串红	9
三色堇	36

2.4　花境装饰技艺

2.4.1　花境的含义与作用

一、花境的起源和发展

花境是由花组成的境界，源于英国古老而传统的私人别墅花园。它是以树丛、树群、绿篱、矮墙或建筑物作背景的带状自然式花卉布置，根据自然风景中野生花卉自然散布生长的规律，加以艺术提炼而应用于园林。花境的边缘，依环境的不同，可以是自然曲线，也可以采用直线，而各种花卉的配植是自然斑状混交。

花境没有规范的形式，主要种植主人喜爱又可在当地越冬的花卉，尤其以管理简便的宿根花卉为主要材料，随意栽植在自家庭园。这种室外花卉应用形式在 19 世纪曾风靡英国。19 世纪后期，英国园艺学家 William Robinson（1838—1935）极力提倡这种自然种植形式，并通过杂志《花园》宣传他的观点，得到一些造园者的响应。此后，别墅花园的种植方式提高了艺术性，形成了一种欣赏植物自然景观美的新形式，被称为宿根花卉的花境，这就是古典的花境。二战之后，草本花境的真正意义已经基本消亡了，花境的设计向另一方向努力——设计混合花境和四季常绿的针叶树花境。随着时代的变迁，花境的形式和内容也发生了许多变化，但其基本形式和种植方式仍被保留下来。20 世纪 70 年代后期，花境这种在西方国家广为流传的花卉种植形式飘洋过海来到中国，在上海、杭州等地公园里应用了花境的形式，虽然面积不大，却取得了较好的效果。

二、花境的内涵

花境是模拟自然界中林缘地带各种野生花卉交错自然生长形式，以多年生宿根草花及矮生花灌木为主，运用艺术手法设计的半自然花卉应用形式。花境通常选用露地宿根花卉、球根花卉及一二年生花卉，栽植在树丛、绿篱、栏杆、绿地边缘、道路两旁及建筑物前，平面外形轮廓呈带状，其种植床两边是平行直线或几何曲线，内部的植物配置则完全采用自然式种植方式。它主要表现观赏植物开花时的自然美，以及其自然组合的群体美。在园林造景中，既可作主景，也可为配景。

目前，花境已经从经典的庭园花境发展到林缘花境、临水花境、岛状花境、路缘花境、岩石花境、专类花境等并存的多种形式。

在设计形式上花境是沿着长轴方向演进的带状连续构图，带状两边是平行或近于平行的直线或是曲线。其基本构图单位是一组花丛。每组花丛通常由 5～10 种花卉组成，一种花卉集中栽植。平面上看是各种花卉的块状混植；立面上看高低错落，犹如林缘野生花卉交错生长的自然景观。花丛内应由主花材形成基调，次花材作为配调，由各种花卉共同形成季相景观，即每季以 2～3 种花卉为主，形成季相景观；以其他花卉为辅，用来烘托主花材的设计原则。植物材料以耐寒的可在当地越冬的宿根花卉为主，间有一些灌木、耐寒的球根花卉，或少量的一二年生草花。

从应用植物材料看，草本花境是用不同类型的草本花卉来设计，大量的夏季和秋季开花的多年生花卉根据株高组合在一起，运用大胆、清晰的层次排列，形成花境在色彩、形式和结构风格上的对比，以装饰和强化整个园林的风格和特征。混合花境以耐寒的宿根花卉为主，配置少量的花灌木、球根花卉或一二年生花卉。这种花境季相分明、色彩丰富，为创建四季观赏和富有想象力的植物组合提供最大的可能。

三、花境的特点

1. 植物种类丰富，季相变化明显

这是花境的一个最突出的特点。花境植物材料以宿根花卉为主，包括花灌木、球根花卉、一二年生花卉等，植物种类丰富。有的花境选用的植物多达 35～45 种，多样性的植物混合组成的花境在一年中三季有花、四季有景，能呈现一个动态的季相变化。

2. 立面丰富，景观多样化

花境中配植多种花卉，花色、花期、花序、叶型、叶色、质地、株型等主要观赏对象各不相同，通过对植物这些主要观赏对象的组合配置，可起到丰富植物景观的层次结构、增加植物物候景观变化等作用，创造出丰富美观的立面景观，使花境具有季相分明、色彩缤纷的多样性植物群落景观。

3. 体现园林生态设计中乔灌草配置的理念

各种花卉高低错落排列，层次丰富，既表现了植物个体生长的自然美，又展示了植物自然组合的群体美。花境的应用不仅符合现代人们对回归自然的追求，也符合生态城市建设对植物多样性的要求，还能达到节约资源、提高经济效益的目的。

四、花境的类型

1. 依设计形式分

(1) 单面观赏花境。为传统的应用设计形式，多临近道路设置，并常以建筑物、矮墙、树丛、绿篱等为背景，前面为低矮的边缘植物，整体上前低后高，仅供一面观赏。

(2) 双面观赏花境。多设置在道路、广场和草地的中央，植物种植总体上以中间高两侧低为原则，可供两面观赏。这种花境没有背景。

（3）对应式花境。在园路轴线的两侧、广场、草坪或建筑周围设置的呈左右二列式相对应的两个花境。在设计上统一考虑，作为一组景观，多用拟对称手法，力求富有韵律变化之美。

2. 依花境所用植物材料分

（1）灌木花境。花境内所用的观赏植物全部为灌木时称为灌木花境。所选用材料以观花、观叶或观果且体量较小的灌木为主。

（2）宿根花卉花境。花境全部由可露地过冬、适应性较强的宿根花卉组成，如鸢尾、芍药、萱草、玉簪、耧斗菜、荷包牡丹等。

（3）球根花卉花境。花境内栽植的花卉为球根花卉，如百合、石蒜、大丽菊、水仙、郁金香、唐菖蒲等。

（4）专类花境。由一类或一种植物组成的花境，称专类植物花境。如由叶形、色彩及株形等不同的蕨类植物组成的花境，由不同颜色和品种的芍药组成的花境，由鸢尾属的不同种类和品种组成的花境，由芳香植物组成的花境等。可用来布置专类花境的植物，在同一类植物内，其变种和品种类型多，花期、株形、花色等须有较丰富的变化，才有良好效果。

（5）混合花境。主要指由灌木和耐寒性强的多年生花卉组成的花境。混合花境与宿根花卉花境是园林中最常见的花境类型。

五、花境的作用

花境在城市建设及生态园林建设中有着重要的作用，在园林中花境被设置在公园、风景区、街心绿地、家庭花园及林荫路旁，创造出较大的空间或充分利用园林绿地中的带状地段，起到丰富植物多样性、增加自然景观、分隔空间与组织游览路线的作用。

设在假山石和引导牌等标志物的入口处或主要道路转角处的花境，可以吸引游客的注意力，起到指示提醒的作用。设在草坪和林缘交接地带的花境，可以增加景观层次上的色彩度，进一步明晰轮廓线，规整的轮廓线让人肃然起敬，自然的轮廓线让人感受亲切舒适。设在广场中心处的花境，可以形成景观节点。设在水系旁的花境，集中生长的水生植物可以形成独特景观。设在步行道分隔带处的花境，既可分隔道路，又可让游人观景。如图 2-6 所示。

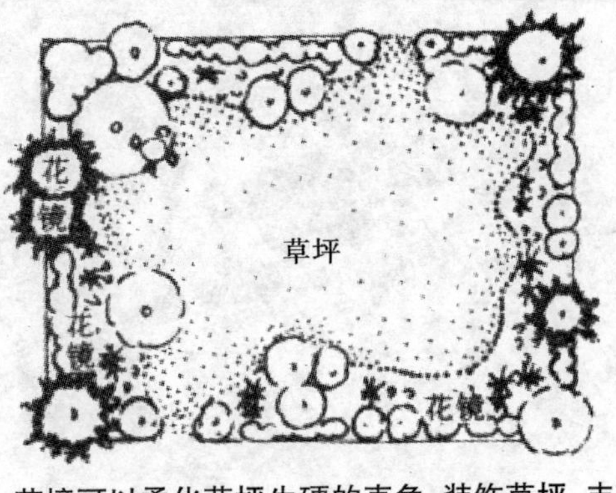

图 2-6　花境可以柔化草坪生硬的直角，装饰草坪，丰富色彩

1. 应用于公园

由于公园一般都具有相对充足的植物资源、专业技术力量及多种地形,因而各种类型的花境都可以在公园及景点中展示,特别是一些植物材料精致同时需要细细品味的花境,如专类植物花境、芳香植物花境、药用植物花境、岩生花境等。如图 2-7 所示。

图 2-7 公园花境

2. 应用于街头绿地

应用于街头绿地的花境植物品种可以丰富些,在配置和栽植上宜精细些。结合当地乡土植物及民居建筑等,更能体现当地的历史积淀和文化内涵。如图 2-8 所示。

图 2-8 街头绿地花境

3. 装点道路

道路两侧适宜的花境类型有路缘花境、隔离带花境、岛式花境、台式花境等。岛式花境适合于小型环岛,中间布置较高的焦点植物,周边植物比较低矮,以免妨碍司机视线。如图 2-9 所示。

图 2-9 园路花境

2.4.2 花境的种植设计

一、种植床设计

花境的种植床是带状的,两边是平行或近于平行的直线或曲线。单面观花境植床的后边缘线多采用直线,前边缘线可为直线或自由曲线。两面观赏花境的边缘基本平行,可以是直线,也可以是流畅的自由曲线。

花境的朝向要求:对应式花境要求长轴沿南北方向展开,以使左右两个花境光照均匀,植物生长良好,从而实现设计构想。其他花境可自由选择方向,并且根据花境的具体光照条件选择适宜的植物种类。

花境大小的选择取决于环境空间的大小。通常花境的长轴长度不限,但为管理方便及体现植物布置的节奏、韵律感,可以把过长的植床分为几段,每段长度以不超过 20m 为宜。段与段之间可留 1.3m 的间歇地段,设置坐椅或其他园林小品。如图 2-10 所示。

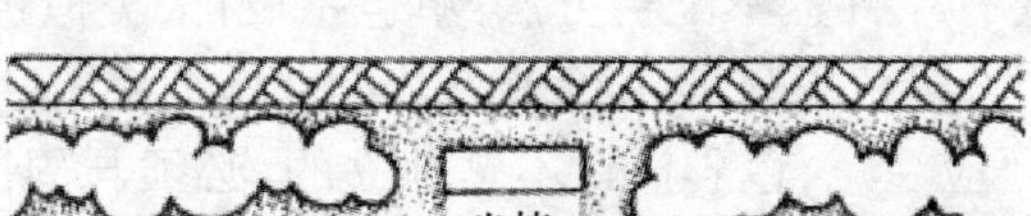

图 2-10 花境分段设计示意图(吴涤新,1994)

花境的短轴长度有一定要求。从花境自身装饰效果及观赏者视觉要求出发，花境应有适当的宽度。过窄不易体现群落的景观，过宽超过视觉鉴赏范围造成浪费，也给管理造成困难。通常，混合花境、双面观赏花境较宿根花卉花境及单面观花境宽。各类花境的适宜宽度大致是：单面观混合花境 4～5m；单面观宿根花卉花境 2～3m；双面观宿根花卉花境 4～6m。在家庭小花园中花境可设置为 1～1.5m，一般不超过院宽的 1/4。较宽的单面观花境的种植床与背景之间可留出 70～80cm 的小路，以便于管理，又有通风作用，并能防止背景植物根系的侵扰。

种植床依环境土壤条件及装饰要求可设计成平床或高床，并且应构筑 2%～4% 的排水坡度。在土壤排水良好地段或种植于草坪边缘的花境宜用平床，床面后部稍高，前缘与道路或草坪相平。这种花境给人以整洁感。在排水差的土质上，或者坡地挡土墙前的花境，为了与背景协调，可用 30～40cm 高的高床，边缘用不规则的石块镶边，使花境具有粗犷风格；若使用蔓性植物覆盖边缘石，又会造成柔和的自然感。

二、花境主体部分种植设计

1. 植物选择

如上所述，花境因所用植物材料不同而有多种类型，但通常花境宜选择适应性强、耐寒、耐旱、当地自然条件下生长强健且栽培管理简单的多年生花卉为主。根据花境的具体位置，还应考虑花卉对光照、土壤及水分等的适应性。例如，花境中可能会因为背景或上层乔木造成局部半荫的环境，这些位置宜选用耐荫植物。

观赏性是花境花卉的重要特征。通常要求植于花境的花卉开花期长或花叶兼美，种类的组合上则应考虑立面与平面构图相结合，株高、株形、花序形态等变化丰富，有水平线条与竖直线条的交错，从而形成高低错落有致的景观。种类构成还需色彩丰富，质地有异，花期具有连续性和季相变化，从而会使整个花境的花卉在生长期次第开放，形成优美的群落景观。

2. 色彩设计

花境的色彩主要由植物的花色来体现，同时植物的叶色，尤其是少量观叶植物叶色的运用也很重要。

宿根花卉是色彩丰富的一类植物，加上适当选用些球根及一二年生花卉，使得色彩更加丰富。在花境的色彩设计中可以巧妙地利用不同花色来创造景观效果。如把冷色占优势的植物群放在花境后部，在视觉上有加大花境深度、增加宽度之感；在狭小的环境中用冷色调组成花境，有空间扩大感。利用花色可产生冷、暖的心理感觉，花境的夏季景观就使用冷色调的蓝紫色系花，以给人带来凉意；而早春或秋天用暖色的红、橙色系花卉组成花境，可给人以暖意。在安静休息区设置花境宜多用冷色调花；如果要增加热烈气氛，则可多使用暖色调的花。

花境色彩设计中主要有 4 种基本配色方法：单包系设计，类似色设计，补色设计，多色设计。设计中根据花境大小选择色彩数量，避免在较小的花境上使用过多的色彩而产生杂乱感。

花境的色彩设计中还应注意，色彩设计不是独立的，必须与周围的环境色彩相协调，与季节相吻合。在某个特定的时期，开花植物（花色）应散布在整个花境中，而不是集中于一处，也须避免局部配色很好，但整个花境观赏效果差。

较大的花境在色彩设计时，可把选用花卉的花色用水彩涂在其种植位置上，然后取透明纸罩在平面种植图上，标出某季节开花花卉的花色，检查其分布情况及配色效果，可据此修改，直到使花境的花色配置及分布合理为止。如图 2-11 所示。

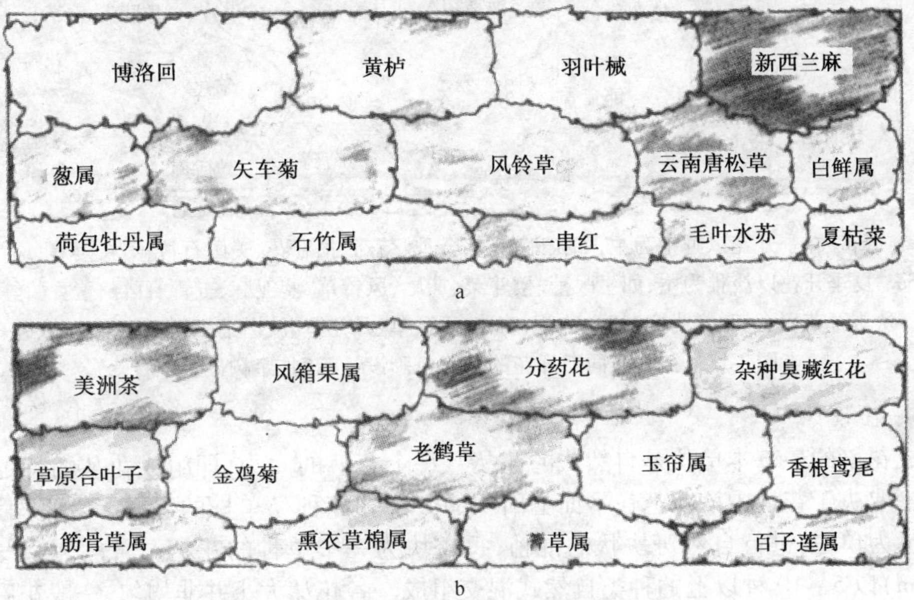

a. 近似色设计形成色彩协调的花境；b. 对比色设计形成色彩鲜艳明快的花境

图 2-11　花境色彩设计实例

3. 季相设计

花境的季相变化是它的特征之一。理想的花境应四季有景可观，寒冷地区可做到三季有景。花境的季相是通过不同季节开花的代表种类及其花色来体现的，这一点在设计之初选择花卉种类时即须考虑。应当列出各个季节或月份的代表种类，在平面种植设计时考虑将同一季节不同的花色、株型等合理地布置于花境各处，如此保证花境中开花植物连续不断，以保证各季的观赏效果。如图 2-12、图 2-13 所示。

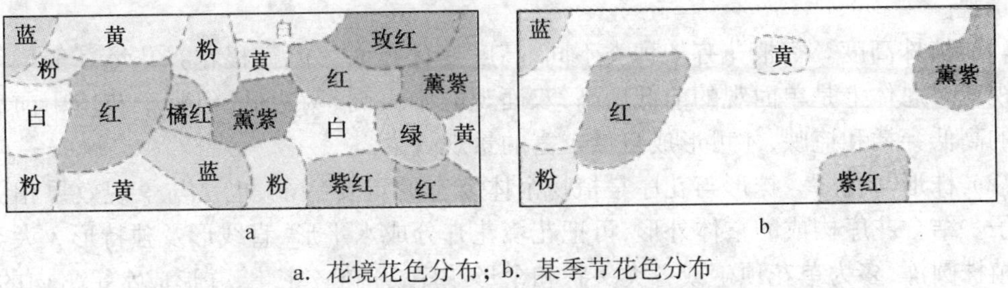

a. 花境花色分布；b. 某季节花色分布

图 2-12　花境的色彩及季相设计示意图

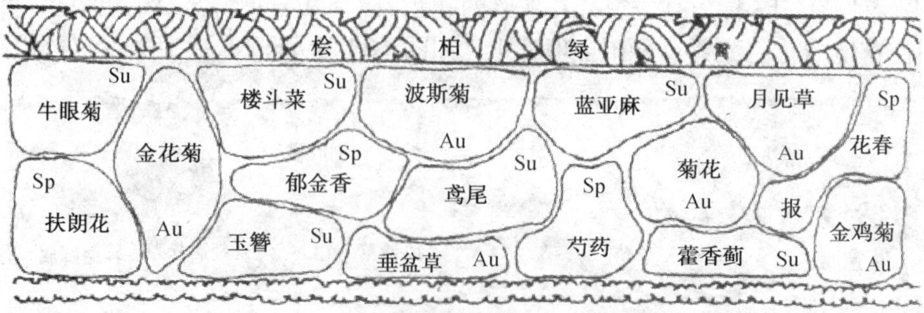

Sp. 春季开花以鲜艳为主，如扶郎花、郁金香、芍药、报春花、美国石竹、美女樱等；
Su. 夏季开花以淡雅为主，如牛眼菊、楼斗菜、鸢尾、风铃草、蓝亚麻、玉簪、百合、藿香蓟等；
Au. 秋季开花以金黄、橙为主，如金花菊、菊花、垂盆草、月见草、波斯菊、硫华菊、金鸡菊、蓍草等

图 2-13　按季节同期开花的花境色彩设计示例（余树勋，1998）

4. 平面设计

构成花境的最基本单位是自然式的花丛。每个花丛的大小，即组成花丛的特定种类的株数多少取决于花境中该花丛在平面上面积的大小和该种类单株的冠幅等。平面设计时，即以花丛为单位，进行自然斑块状的混植，每斑块为一个单种的花丛。通常一个设计单元（如 20cm）以 5 ~ 10 种以上的种类自然式混交组成。各花丛大小并非均匀，一般花后叶丛景观较差的植物面积宜小些。为使开花植物分布均匀，又不因种类过多造成杂乱，可把主花材植物分为数丛种在花境不同位置，再将配景花卉自然布置。在花后景观差的植株前方应配植其他花卉给予遮掩。

对于过长的花境，可设计一个演进花境单元进行同式重复演进或 2 ~ 3 个演进单元交替重复演进。但必须注意整个花境要有主调、配调和基调，做到多样统一。

5. 立面设计

花境要有较好的立面观赏效果，充分体现群落的美观。立面设计应充分利用植株的株形、株高、花序及质地等观赏特性，使植株高低错落有致、花色层次分明，创造出丰富美观的立面景观。

（1）植株高度。宿根花卉依种类不同，高度变化极大。但宿根花卉花境一般均不超过人的视线。总体上是单面观的前低后高，双面观的中央高、两边低，但整个花境中前后应有适当的高低穿插和掩映，才可形成自然丰富的景观效果。

（2）株形与花序。株形与花序是植物个体姿态的重要特征，也是与景观效果相关的重要因子。结合花序构成的整体外形，可把花境花卉分成水平形、直线形及独特形 3 大类。水平型植株圆浑，多为单花顶生或各类头状和伞形花序，开花较密集，并形成水平方向的色块，如八宝、蓍草、金光菊等。直线型植株耸直，多为顶生总状花序或穗状花序，开花时形成明显的竖线条，如火炬花、一枝黄花、大花飞燕草、蛇鞭菊等。独特花形兼有水平及竖向效果，如鸢尾类、大花葱、石蒜、百合等。花境在立面设计上最好有这 3 类植物的搭配，才可达到较好的立面景观效果。

（3）植株的质感。花卉的枝叶花果均有粗糙和细腻之不同质感，不仅给人以不同的心理感觉，而且具有不同的视觉效果，如粗质地的植物显得近，细质地的植物显得远，花境设计

中植物搭配时也要考虑质地的协调和对比。如图 2-14 所示。

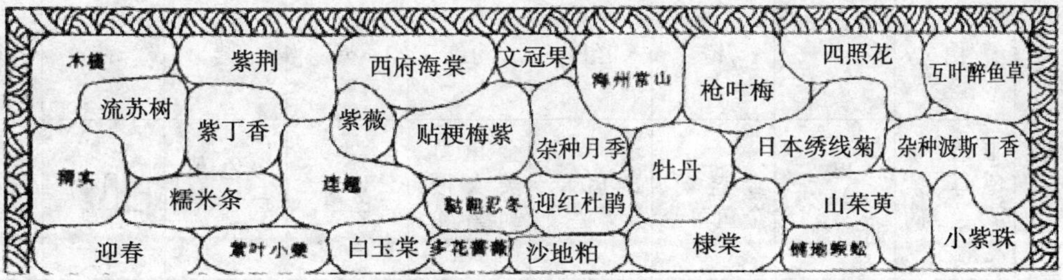

图 2-14　灌木花境示例（北京地区）（余树勋，1998）

三、花境的种植施工

1. 整床及放线

按平面图纸用白粉或沙在植床内放线，对有特殊土壤要求的植物，可在某种植区采用局部换土措施。要求排水好的植物可在种植区土壤下层添加石砾。对某些根蘖性过强，易侵扰其他花卉的植物，可在种植区边界挖沟，埋入砖或石板、瓦砾等进行隔离。

2. 栽植

大部分花卉的栽植时间以早春为宜，尤其要注意春季开花的要尽量提前在萌动前移栽，必须秋季才能栽植的种类可先以其他种类，如时令性的一二年生花卉或球根花卉替代。

栽植密度以植株覆盖床面为限。若栽植成苗，则应按设计密度栽好。若栽种小苗，则可适当密些，以后再行疏苗，否则过多地暴露土面会导致杂草滋生并增加土壤水分蒸发。

四、花境的养护管理

花境种植后，随时间推移会出现局部生长过密或稀疏的现象，需及时调整，以保证其景观效果。早春或晚秋可更新植物（如分株或补栽），并把秋末覆盖地面的落叶及经腐熟的堆肥施入土壤。管理中要注意灌溉和中耕除草。混合式花境中灌木应及时修剪，保持一定的株形与高度。花期过后应及时去除残花。精心管理的花境，可以保持 3 ~ 5 年的观赏效果。灌木花境当然可以更长。

2.5　其他室外花卉装饰技艺

2.5.1　花　　丛

花丛常用花卉，见表 2-3。

表 2-3　花丛常用花卉花色配置

名称/花色/花期	白	黄	橙	红	粉红	堇	紫	蓝	复色
春	雏菊、金鱼草、紫罗兰、茼蒿菊	三色堇、金盏菊、茼蒿菊	金盏菊、金鱼草	金鱼草、紫罗兰	金鱼草、美女樱、高雪轮、矮雪轮	三色堇	三色堇、金鱼草、紫罗兰	二月兰、勿忘草	三色堇、紫罗兰
春、夏	金鱼草、石竹、须苞石竹、福禄考、矮雪轮、滨菊、翠菊、蜀葵	金鱼草、翠菊	桂竹香、金鱼草、翠菊	金鱼草、翠菊、美女樱、蜀葵	高雪轮、矮雪轮、福禄考、翠菊、须苞石竹、蜀葵、金鱼草	福禄考、翠菊、鸢尾	桂竹香、福禄考、翠菊、鸢尾、蜀葵、金鱼草	矢车菊、翠菊、鸢尾	福禄考、鸢尾
夏	石竹、凤仙花、翠菊、滨菊、百日草、半支莲、美女樱	翠菊、百日草、半支莲、	半支莲、翠菊、百日草、一点樱	半支莲、美女樱、凤仙花、百日草、矢车菊、美人蕉	石竹、半支莲、翠菊、百日草、凤仙花、美女樱、红亚麻	翠菊、百日草、凤仙花、矢车菊	美女樱、凤仙花、百日草、矢车菊、赛亚麻、石竹	翠菊、矢车菊	半支莲、百日草、二色金光菊
夏、秋	翠菊、滨菊、葱兰、麦秆菊、石竹、大丽花	翠菊、百日草、麦秆菊、大丽花、小丽花	翠菊、孔雀草、百日草、大丽花、小丽花	翠菊、百日草、麦秆菊、大丽花、美人蕉、小丽花	韭菊、美女樱、石竹、麦秆菊、大丽花、翠菊、小丽花	翠菊、百日草	千日红、美女樱、花烟草、大丽花、小丽花、翠菊、百日草	霍香蓟、翠菊	蛇目菊、天人菊、孔雀草、百日草、大丽花
秋	一串红、鸡冠花、滨菊、葱兰、大丽花	鸡冠花、麦秆菊、大丽花、美人蕉、万寿菊	鸡冠花、孔雀草、大丽花	一串红、鸡冠花、雁来红、大丽花、美人蕉	美女樱、石竹、麦秆菊、大丽花、葱兰、松叶菊	荷兰菊、紫菀	鸡冠花、一串紫、石竹、大丽花		孔雀草、大丽花、美人蕉
冬				红叶甜菜					羽衣甘兰

2.5.2　垂直绿化装饰技艺

一、垂直绿化的特点与作用

垂直绿化与其他绿化方式相比，有其独具的优点：

1. 占地面积少

垂直绿化是利用攀援植物往竖向空间发展以达到绿化环境的目的。只要有一平方米空地即可栽种攀援植物，使其依墙面攀附而上爬满全墙。

2. 绿化速度快

例如,2 年生的爬墙虎一般可长到 4 ~ 7m 高左右,3 ~ 4 年后即可爬满四五层楼房的墙面。笔者曾目睹首都某单位一幢千余平方米的小灰楼,被四株爬墙虎的枝叶郁闭遮掩得严严密密,这么高的绿化覆盖率是其他绿化方式所无法比拟的。

3. 保护房屋

长满了青藤绿叶的墙面、屋顶,夏天可以避免烈日直晒,减少暴雨的浇淋,还能在一定程度上控制墙壁的干湿度,这对房屋的保护是很有利的。

4. 降温增湿

据有关部门测定,有“绿墙”的住房,炎夏室内温度可比无“绿墙”的低 3℃ ~5℃。与此同时,在墙壁已经绿化的室内,干燥季节室内湿度要比一般室内高 20% 左右,给人以凉爽清新之感。

5. 管理粗放

大多数攀援植物适应性强,耐瘠薄土壤,栽种后不需精心管理就能茁壮生长,因此可以大大节省劳力。

此外,垂直绿化与其他植物一样,也具有吸灰防尘、净化空气、减少噪音等功能。

二、垂直绿化应用植物类型

垂直绿化所用的攀援植物种类较多,有草本与木本、常绿与落叶之分。其中常用的多为藤本植物,又叫藤蔓植物。根据藤本植物的攀附方式,大致可将其分为以下四大类型:

1. 攀附藤本

在植物的茎上长出许多细小的不定根或吸盘,帮助其向上攀附生长,如爬山虎、凌霄、薜荔等。

2. 缠绕藤本

依靠植物茎干本身呈螺旋式缠绕向上生长,如紫藤、金银花、猕猴桃、三叶木通等。

3. 攀援藤本

借助于植物本身的感应器官,如变态的叶、叶柄、卷须、枝条等攀援他物向上生长,如常春藤、葡萄等。

4. 钩刺藤本

借助于植物本身的钩刺附属器官帮助向上生长,如木香、藤本月季等。

三、垂直绿化的装饰方法

室外垂直绿化主要有两种装饰形式:一种是栽植有吸盘的藤本植物,任其自然攀附于墙面、廊柱、篱笆、花架、栅栏等建筑物上,让其随意向上生长。这种形式不需要另设支架,简便易行,省工省钱,因此应用得最为普遍。另一种是用水泥柱、石柱、木柱、毛竹等作支撑骨架,再经过人工造型做成拱门、廊、棚、栅栏等形状,将藤蔓植物牵引至骨架上让其攀援生长,从而形成具有一定艺术造型的绿拱门、花廊、花棚架、花栅栏等。为使其更加美观,可将支撑骨架漆成各种调和悦目的色彩。

攀援植物有其不同的生态习性和观赏价值,所以在绿化设计时要根据不同的环境特点、设计意图,科学地选择植物种类并进行合理的布置。如大门花墙、亭、廊、花架、栅栏、竹篱等处,可以选择蔷薇、木香、木通、凌霄、紫藤、薜荔、扶芳藤等,既美观又可遮阳纳凉。在白粉墙及砖墙上，可以选择爬山虎、络石等，它们生长快、效果好，可形成生动的画面，秋季还可观赏叶色的变化。

进行垂直绿化时可根据食用、观赏的不同需求，适当选择藤本植物；以食用观赏为主的花棚架、绿廊、花门的垂直绿化，可选用葡萄、猕猴桃等。以观赏为主的垂直绿化如观赏花期的，春季可选用多花蔷薇、血藤、常绿黎豆藤，夏季可选用凌霄、枸杞、茉莉，秋季可选用朝日藤、莺爪花、龙须藤、常春藤，冬季可选用常绿藤本植物；观花色的，可选择红色的长春花、蔷薇、朝日藤，黄色的有素馨、蔷薇、莺爪花、龙须藤，紫色的有蔓长春、常绿黎豆藤，绿色的有血藤，白色的有朝日藤、茉莉等。

在各种台地、土坡、石坡、悬壁面上垂直绿化，可选用蔷薇、素馨、常春藤、莺爪花、常绿黎豆藤等。另外，不同地区可根据需要选择垂直绿化的木质藤本植物。表 2-4 所列为常用藤本植物，可供垂直绿化设计时参考。

表 2-4　常用藤本植物

植物名称	攀援方式	观赏季节和特色	生长适地	应用
常绿、半常绿木质藤本				
七姐妹蔷薇	依附，攀援	枝细叶小，花繁果茂	华北、西北、华东、华中	花柱、花门、花亭、花架、花墙
素馨	茎细长，缠绕	花白色，芳香，夜间开花	西南、华南各地	枝干袅娜，池畔，窗前
红苞藤	蔓生灌木，倒钩刺，攀附	冬春开花，苞片紫红色、黄绿色	广东、广西、台湾地区、云南、海南	花篱，篱墙
朝日藤	蔓生灌木	夏秋开花，白色	台湾地区、广州、海南	花架，篱墙
莺爪花	蔓生灌木	花黄绿色，香，7～11 月开花	台湾地区	庭荫树，花篱墙
龙须藤	蔓生灌木，缠绕	花白色，8～10 月开花，果熟 12 月，紫色	广东、福建、台湾地区	棚架
油麻藤	蔓生大灌木，攀援	花紫红色，4 月开放，下垂	西南、华中、华东	棚架，长廊
毛茉莉	蔓生，缠绕	花白色，芳香，夏季开花	华南、华中、华东南部地区	花篱，花坛，盆栽
洋常春藤	气根吸附	枝叶繁茂，冬绿，秋花	长江流域以南	攀附建筑物，墙壁垂直绿化
南五味子	缠绕	花黄色，梗细长，聚群球形，果深红	华中、华南、西南各地	隐蔽物，篱壁，篱架
紫花络石	气根攀附	花紫色	湖南、湖北、四川、贵州、云南、广东	攀石，爬树
络石	气根攀附	花白色，夏季开放，芳香，秋叶可变红	华东、华中、华南	覆被地面，墙垣，小型花架
薜荔	下部气生根，上部攀援	隐头花序，果奇特，叶厚、亮绿	江苏、浙江、安徽、江西、湖北、广东、广西、福建、台湾地区	墙垣，岩石，树上隐蔽

续表

植物名称	攀援方式	观赏季节和特色	生长适地	应用
扶芳藤	匍匐,攀援	假种皮淡紫色	黄河中下游、长江流域以南	岩石,老树,覆被地面,墙垣
金银花(忍冬)	藤本	夏季开花,由白变红,清香宜人	广泛分布	绿篱,绿廊,绿亭
落叶木质藤本				
紫藤	缠绕	花 5～6 月开,花香,白、紫色	山东、河南、河北、浙江、江苏、湖北、四川、广东、云南、贵州	花架,绿廊,绿亭,台坡,盆栽,花门
木香	依附	花 5～6 月,清香,白色	长江流域以南	花架,花棚,花墙,绿门
凌霄	缠绕,气生根	花 7～8 月,金黄色、大红,观赏期长	山东、河南、河北、江苏、江西、湖北、湖南	附老树,石壁,悬崖,墙垣
地锦	卷须,气生根,吸附	花 6～7 月,黄绿色,果 9～10 月,黑色,秋季叶红	辽宁、河北、山东、陕西、浙江、广东、湖南、湖北	墙面,岩石,花墙,栅栏,壁泉,柱泉,桥梁
葡萄	卷须,缠绕	花 6 月,芳香,果椭圆形,被白粉,紫红色或黄绿色	黄河、淮河流域	花架,花廊,庭前,曲径
北五味子	攀援	花红色,5～6 月,果 7～8 月熟,深红色	东北、华北、华中、西南	花架,花廊,庭前,曲径
通木	缠绕	花 4 月,紫色,芳香,果椭圆形,被白粉	江苏、河南、山西、湖北、山东	绿亭,绿门,绿架,墙壁,老树干盆栽
南蛇藤	缠绕,攀援	花色优美,秋叶橙黄,果紫红	分布广泛,江南可见	棚架,长廊,墙壁
云实	倒钩刺,攀援	花色金黄,繁茂壮观	淮河,长江以南	刺篱,护坡,棚架
猕猴桃	攀援	花期 4～5 月,黄色,果熟期 9～10 月	长江流域,南方各省	花架,棚,绿廊
云南羊蹄甲	卷须,攀援	花期 6～7 月,淡紫色	云南,贵州,四川	花架,棚,绿廊,绿门

1. 花墙的制作

垂直绿化是应用攀援植物沿墙面或其他设施攀附上升形成垂直面的绿化,对丰富城市绿化,改善生活环境有很重要的作用。花墙作为垂直绿化的一种形式,既可使墙体增添美感,显得富有生机,起到绿化、美化效果,又可起到隔热、防渗、减少噪声及屏蔽部分射线和电磁波的作用。夏季可降温,冬季则保暖。

(1) 花卉材料的选择。

① 向阳墙面。温度高,湿度低,蒸腾量大,土壤较干旱,应选择喜光、耐旱和适应性强的花卉种类,如凌霄、木香、藤本月季、藤本蔷薇等。

② 向阴墙面。日照时间短,温度低,较潮湿,应选择耐阴湿的花卉种类,如常春藤、络石、金银花、地锦等。

(2) 墙面绿化的形式。

① 附壁式。将藤本花卉的蔓藤,沿墙体扩张生长,枝叶布满攀附物,形成绿墙。适用于

具有吸盘或吸附根的藤本植物。

② 篱垣式。选用钩刺类和缠绕类植物，如藤本月季和蔷薇、香豌豆、牵牛等，使其爬满栅栏、篱笆，起绿色围墙作用。

（3）花卉材料的种植。在近墙地面应留有种植带或建有种植槽，种植带的宽度一般为50～150cm，土层厚度在50cm以上。种植槽宽度为50～80cm，高度为40～70cm，槽底每隔2～2.5cm应留排水孔。选用疏松、肥沃的土壤作种植土，植株种植前要进行修剪，剪掉多数的丛生枝条，选留主干。苗木根部应距墙根15cm左右，株距50～70cm。栽植深度以苗木根团全埋入土中为准。如墙面太光滑，植物不易爬附墙面，需在墙面上均匀地钉上水泥膨胀螺丝，用铁丝贴着墙面拉成网，供植物攀附。

（4）养护。由于藤本植物离心生长能力很强，需要经常施肥和灌溉，及时松土除草，及时修剪整形。生长期注意摘心、抹芽，促使侧枝大量萌发，迅速达到绿化效果。花后及时剪残花。冬季应剪去病虫枝、干枯枝及重叠枝。

2. 篱垣及棚架

利用蔓性和攀援类花卉可以构成篱栅、棚架、花廊，还可以点缀门洞、窗格和围墙。既可收到绿化、美化之效果，又可起防护、荫蔽的作用，给游人提供纳凉、休息的场所。

在篱垣上常利用一些草本蔓性植物作垂直布置，如牵牛花、茑萝、香豌豆、苦瓜、小葫芦等。这些草花重量较轻，不会将篱垣压歪、压倒。棚架和透空花廊宜用木本攀援花卉来布置，如紫藤、凌霄、络石、葡萄等。它们经多年生长后能布满棚架，具有观花观果的效果，同时又兼有遮阳降温的功能。采用篱、垣及棚架形式，还可以补偿城市因地下管道距地表近，不适于栽树的弊端，有效地扩大了绿化面积，增加城市景观，保护城市生态环境，改善人民生活质量。

特别应该提出的是攀援类月季与铁线莲，具有较高的观赏性。它可以构成高大的花柱，也可以培养成铺天盖地的花屏障，既可以弯成弧形做拱门，也可以依着木架做成花廊或花凉棚，在园林中得到广泛的应用。

在儿童游乐场地常用攀援类植物组成各种动物形象。这需要事先搭好骨架，人工引导使花卉将骨架布满，装饰性很强，使环境气氛更为活跃。

3. 花篱

花篱是用开花植物栽植、修剪而成的一种绿篱。它是园林中较为精美的绿篱或绿墙，主要花卉有栀子花、杜鹃花、茉莉花、六月雪、迎春、凌霄、木槿、麻叶绣球、日本绣线菊等。

花篱按养护管理方式不同可分为自然式和整形式。自然式一般只施加少量的调节生长势的修剪，整形式则需要定期进行整形修剪，以保持体形外貌。在同一景区，自然式花篱和整形式花篱可以形成完全不同的景观，应根据具体环境灵活运用。

花篱的栽植方法是在预定栽植的地带先进行深翻整地，施入基肥，然后视花篱的预期高度和种类，分别按20cm、40cm、80cm左右的株距定植。定植后充分灌水并及时修剪。养护修剪原则是：对整形式花篱应尽可能使下部枝叶多见阳光，以免因过分荫蔽而枯萎，因而要使树冠下部宽阔，愈向顶部愈狭，通常以采用正梯形或馒头形为佳。对自然式花篱必须按不同树种的各自习性以及当地气候采取适当的调节树势和更新复壮措施。

2.5.3 组合立体装饰体（花柱）的装饰技艺

花柱是以一年生或多年生花卉为主所组成的一种立体形式，以体现观赏植物本身以及它们相互结合的群落的自然美。花柱内植物的配置不仅要考虑到构图艺术、色彩规律、植物花期、空间层次变化，而且还要考虑到各种植物之间的生态学规律。

一、花柱设计

花柱的设计者先要考虑与景色互为借景，与环境协调统一。

1. 巧用色调来控制气氛

摩登的建筑物的入口处一般用素色，初看上去似缺少华丽的张扬感，但细细品味，素雅的配色形成一种雅致、沉稳的氛围，极具品位；在草坪等以原色为主的背景中，栽种蓝色系的花卉，以此两种相反的色彩作基调，再增加少许华丽的色彩作为点缀，也能形成优美而沉稳的空间。

2. 与周围环境协调统一

花柱一般布置在很醒目的位置，因此其周围环境一般也具有丰富的色彩和较大的体量。在进行设计时必须考虑花柱的体量和色彩与周围建筑物相协调，给人以柔和的质感和丰满的量感。

3. 展示自己的风格

花柱本身就是最佳的赏景点之一，因此设计花柱必须展示出自己的风格。例如，为了使周围针叶树的颜色更为鲜明，花柱用何氏凤仙，和针叶树的深绿相对应，使花色更加华丽，这一奇妙构思令人拍手叫绝。

二、花柱的制作

1. 普通泥球花柱的制作

花柱造型主要分两大部分，内部的钢结构和外部的花面层。制作钢结构时要先设计好制作图纸，如圆形柱或方柱，钢结构的外轮廓比实际要制作造型的外轮廓收进 20cm 左右，因为外层花安装上以后，外形要扩出 20cm 左右。这样，造出来的形状就比较准确了。制作钢模的主要材料是钢管、角钢和线材。钢管和角钢主要用作主体的制作和承重。一般每个花柱的花卉在水浇足后重达几吨至几十吨，因此其承重力和地载力要经过仔细的计算。线材一般以 20cm × 20cm 的网状形式焊接在主体上，形成钢模的外廓，外廓的形状要尽量准确，线条要简洁明了。

第二步就是在钢架上吊塞花卉种类。首先要定好花卉的品种和规格，要求植株整齐、丰满。把花卉从盆中取出，泥球尽量少破损，剪取尼龙或塑料网块，包扎泥球（防止浇水时泥土流失）。包扎好的泥球可用脚轻轻踩扁（踩扁的泥球容易叠放在钢架上）。这样，花卉就可上钢模了。一般从钢架的基部往上叠塞，并按照造型的面垂直塞入花卉，随着造型面的变化改变塞入的方向。把花卉的泥球部分塞入钢筋网内，枝叶部分在网外。为了把花卉较牢固地吊塞好，可用竹片、铁丝等加以衬托固定。花卉表面要尽量塞得平整，泥球不外露，但难免有长短和空缺，可用细铁丝等进行吊扎，必要时用剪刀修整。

2. 卡盆立体花柱的制作

花柱一般选用钢板冲压成10cm间隔的孔洞(或钢筋焊接成),然后焊接成圆筒形、圆球形等各种所需立体形状。孔洞的大小要视花盆而定,通常以花盆中间直径计算。然后刷漆、安装,将栽有花草的苗盆(卡盆)插入孔洞内,同时花盆内部都要安装滴水管,便于灌水。

具体步骤如下:

(1) 安装支撑骨架。用螺栓等把花柱骨架各部分连接安装好。

(2) 连接安装分水器。花柱等立体装饰都配备相应的滴灌设备,并可实行自动化管理。按照设计图将滴灌管从骨架的每个孔洞中穿出备用。

(3) 卡盆栽花。把花卉栽植到卡盆中。用作花柱装饰的花卉要在室外保留较长时间,栽到花柱后施肥困难,因此应在上卡盆前施肥。施肥的方法是:准备一块海绵,在海绵上放上适量缓释性颗粒肥料,再用海绵把基质包上,然后栽入卡盆。

(4) 卡盆定植。把卡盆定植到花柱骨架的孔洞内,把分水器插入卡盆中。

(5) 养护管理。定期检查基质干湿状况,及时补充水分;检查分水器微管是否出水正常,保证水分供应;定期摘除残花,保证最佳的观赏效果;对一些观赏性变差的植株要定期更换。在建造大型花柱时,由于高达十几米甚至几十米,人工浇水或分水器滴灌都有一定难度,可考虑自动喷水。这样既可提高工效,也能增加景观效果。如果再装上彩灯,到了夜晚,则灯光闪烁,色彩斑斓,美不胜收。

2.5.4 吊盆的装饰技艺

吊盆是近年来流行的一种装饰栽培形式。将花卉悬挂在窗前、门廊、阳台、墙壁或天花板上,可充分利用空间,增加绿化层次,节约场地,形成一个个空中花园。

吊盆种植的花卉宜选用蔓性或枝条柔软,以及枝叶下垂、密集丛生的花卉,如常春藤、吊兰、四季海棠、天门冬、三色堇、蟹爪兰、绿萝、合果芋、竹芋、矮牵牛等。也可在一盆中栽种多种花卉,如中间栽种较直立的倒挂金钟、朱蕉,四周边缘配上蔓性天竺葵、常春藤、鸭趾草等。多种花卉的组合栽种在色彩、形态等方面,比单一品种的观赏价值更高一些。在具体品种的选择上,要考虑到吊置场所的光照、温度等条件,多种混栽时要尽量选用光、温、水等生态习性相同或相似的品种,以利于以后的均衡正常生长。

吊盆所用的容器有两类:一类是由铁丝、木条制作的方形、圆形栅网吊篮或用现成的柳条筐、小竹篮、字线篓等;另一类则是把各种花盆套上铁丝圈挂起,或用半个废皮球制作。前者由于篮体十分通透,土壤易吹干,故适用于湿润的南方地区;北方只能用后者,可在盆外套上竹、藤、柳条编的筐或篓,以利观赏。悬吊必须坚固,可用铁丝、尼龙绳、日光灯链等。吊盆的位置要注意到花卉的习性,且不妨碍日常的活动。

吊盆种植的土壤宜疏松肥沃,保水力强,以腐殖土掺入蛭石、珍珠岩为最佳。对于前一类较通透的吊篮,须先在其边缘和底部加一层干苔藓或棕丝,以免土壤流失,然后再按上盆的方法栽入选好的花卉。栽好后放阴凉处缓苗,之后逐渐增加光照,转入正常养护。

本章小结

本章内容主要介绍了花卉在室外装饰时所受到的环境因子的影响，花卉室外装饰主要包括花坛、花境、花柱、花丛、垂直绿化、吊盆等各种形式。各种形式在材料选择上各有特点，设计和制作方法也有不同之处。

卡盆花柱的制作

选用钢板冲压成 10cm 间隔的孔洞(或钢筋焊接成)，然后焊接成圆筒形、圆球形等各种所需立体形状。孔洞的大小要视花盆而定，通常以花盆中间直径计算。然后刷漆、安装，将栽有花草的苗盆(卡盆)插入孔洞内，同时花盆内部都要安装滴水管，便于灌水。

具体步骤如下：

① 安装支撑骨架。用螺栓等把花柱骨架各部分连接安装好。

② 连接安装分水器。花柱等立体装饰都配备相应的滴灌设备，并可实行自动化管理。按照设计图将滴灌管从骨架的每个孔洞中穿出备用。

③ 卡盆栽花。把花卉栽植到卡盆中。用作花柱装饰的花卉要在室外保留较长时间，栽到花柱后施肥困难，因此应在上卡盆前施肥。施肥的方法是：准备一块海绵，在海绵上放上适量缓释性颗粒肥料，再用海绵把基质包上，然后栽入卡盆。

④ 卡盆定植。把卡盆定植到花柱骨架的孔洞内，把分水器插入卡盆中。

⑤ 养护管理。定期检查基质干湿状况，及时补充水分；检查分水器微管是否出水正常，保证水分供应；定期摘除残花，保证最佳的观赏效果；对一些观赏性变差的植株要定期更换。在建造大型花柱时，由于高达十几米甚至几十米，人工浇水或分水器滴灌都有一定难度，可考虑自动喷水。

复习思考

1. 室外花卉装饰有哪些特点？
2. 常见的花卉室外装饰有哪些类型？
3. 什么是花坛，有哪些作用？
4. 花坛分几种类型，怎样进行设计？
5. 什么是花境，怎样进行种植设计？
6. 怎样制作花丛？
7. 怎样制作花柱？
8. 垂直绿化有哪些特点？

第3章 室内花卉装饰

本章导读

本章重点讲述室内花卉装饰的特点、选材种类以及室内装饰的几种形式：盆栽装饰、水培花卉装饰、插花装饰、压花装饰等，使读者认识和了解室内花卉装饰设计和布置应遵从的基本原则。

3.1 室内花卉装饰的特点

随着人类科技的不断进步和现代化城市的飞速发展，室内花卉装饰设计这门崭新的学科应运而生，它是人们力图在建筑空间中回归自然而进行的一种尝试，其目的是要创造一个使建筑、人与自然融为一体并协调发展的生存空间。

何谓“室内花卉装饰”？一种解释为，室内花卉装饰是指在建筑物内（如宾馆大堂、餐厅、会议厅、商店和居室等处）种植或摆放观赏植物，构成室内装饰不可分割的部分。人们希望在享受现代物质文明（如空调、音响和灯光等）的同时与植物为伴，是现代审美情趣崇尚自然、追求返璞归真意境的反映。另一种解释为，室内花卉装饰是指根据室内环境的特点，利用以室内观叶植物为主的观赏材料，结合人们的生活需要，对使用的器物和场所进行美化装饰。这种美化装饰是从人们的物质生活与精神生活的需要出发，配合整个室内环境进行设计、装饰和布置，使室内、室外融为一体，体现动和静的结合，达到人、室内环境与大自然的和谐统一，它是对传统的建筑装饰的重要突破。

概括地说，室内花卉装饰可定义为：在人为控制的室内空间环境中，科学地、艺术地将自然界的植物、山水等有关素材引入室内，创造出充满自然风情和美感，满足人们生理和心理需要的室内环境。

室内花卉装饰与室外花卉装饰的不同主要表现在生态环境对装饰植物的影响上。

3.1.1 光　照

光是室内植物最敏感的生态因子，是植物制造有机物质的能量源泉。植物利用叶片中的叶绿体吸收二氧化碳和水，在光的驱动下转变为糖类并放出氧气，从而维持植物正常的生命活动。这个过程称为"光合作用"。这是地球上动物界，包括人类生存的基础，是生命之源。

观花植物要开花就需要更多的光照，有的还需要一定的光周期，才能满足营养生长和生育生长的需要。相对而言，室内观叶植物对光照的需要不如其他花卉那么严格。室内观叶植物原来都在林荫下生长，所以更适于在半阴环境中栽培。但不同种类和不同品种在原产地林荫下所处层次不同以及形态结构的多样化，决定了它们对光照的需求和适应性。

同室外植物一样，室内植物的健康成长也受到光因子三个特性的影响，即光照强度、光照时间和光质。

一、光照强度

光照强度用勒克斯(lx)来度量。不同的观赏植物种类需要的光照强度各异，可从白天最明亮的光照(1.5 万 lx 以下)到最阴暗的丛林中的弱光(只有 10 ~ 20lx)。有的植物附生于树干或树枝上，它们在散射光下生长；水生植物在阴暗的丛林沼泽地生长；有的叶色鲜艳多彩或叶形奇特多姿的观叶植物，长期生长在丛林蔽阴的环境下，从而养成了不耐强光的习性，当其娇嫩的绿叶受到强烈阳光照射时，很容易使叶色变深、叶质变硬而粗糙，失去鲜艳而翠绿的色彩，破坏了它的美感。根据观赏植物对光照的要求，可分为阳性植物、中性植物和阴性植物。

(1) 阳性植物喜阳光，在全日照下生长健壮，在蔽阴或弱光条件下生长不良或死亡，如变叶木、部分凤梨类、仙人掌科、景天科和番杏科等部分植物。

(2) 阴性植物要求适度蔽阴，在室内散射光条件下生长良好，在光照充足或直射光下，常生长不良，如竹芋类、蕨类、兰科、一叶兰、八角金盘、部分凤梨科植物、天南星科植物等。

(3) 中性植物对光照的要求介于上述二者之间，一般需充足的阳光，但具有一定的耐阴能力，在蔽阴环境或室内明亮的散射光下也能生长较好，如苏铁、朱蕉、香龙血树、印度橡皮树、红背桂、榕树、棕榈、洋常春藤、虎尾兰、蒲葵等。

若想使观赏植物保持叶色新鲜美丽，就必须将其陈设在适当的地方，如喜光的阳性植物，宜放在靠近窗边；阴性植物，则可以放在远离窗边的较阴蔽处；如果发现植株叶片变小，而茎节抽长，说明光线不足。

在光照不足的室内，可以利用植物培养灯来增强光照。据研究，这种发射红光的荧光灯与太阳光的成分相似，对植物的光合作用是有效的。根据对一些室内观赏植物的光合特性测定，大多数植物的光补偿点低，则光饱和点也较低。补偿点不超过全部太阳光照强度1%，这是较典型的阴性观赏植物的特性。如能在室内适当延长光照时间，或增强光照强度，就可以扩大观赏植物种类的选择范围。

室内观赏植物虽然能适应室内微弱的光照条件，但由于长期生长在室内，叶片上易积滞灰尘，水肥管理不便，室内空气流通不畅，或因冷气的影响，产生空气过干现象，加上人为的机械损伤等原因,使其生长易受到一定的影响,以致观赏价值下降。盆栽植物的向光源一侧和背光源一侧的光照强度差异较大,从而影响植物的均衡生长,所以要定期"转盆"或更换植物的放置位置,或定期送至温室大棚调养。

二、光照时间

光照时间指植物每天接受光照的时间,用小时(h)度量。植物的所有生长发育环节无不与日照长度有一定的关系。因植物分布纬度有异,日照长度也不同,根据日照长度可将植物分为长日照植物、短日照植物、日中型植物和中日型植物4类。长日照植物是当日照长度超过它的临界日长时才能开花的植物,原产于北方,开花多半在夏季(如凤仙花);短日照植物是当日照短于其临界日长时才能开花的植物,原产于南方(如菊花);日中型植物是在任何日照下都可开花的植物,对日照不敏感,四季都可开花(如月季、天竺葵等);中日型植物则要求日长接近12 h。根据植物这一生理特性,人们可通过在室内人为调整光照时间来控制植物的开花,丰富我们的室内空间。

室内光照时间因受到建筑结构、人为活动的制约而大大缩短。在有天窗的中庭空间,植物接受的直射光只有室外的1/5~1/4,室内中庭空间的植物每天接受的直射光时间只有2~3 h。用灯光照明的空间,如商贸场所、办公室,常是人在灯明、人走灯灭,正常的光照是上班或营业时间,在周末或节假日有的甚至完全不开灯。如果能为植物提供足够的光源,通过自动定时系统来解决植物的日照问题,则可以既满足植物生长,又能适时开花。

三、光质

光质是指光的波长,用纳米(nm)度量。太阳可见光(即红、橙、黄、绿、青、蓝、紫)的波长为380~700 nm。植物生理学研究表明,在光合作用中,植物并不能利用光谱中所有波长的光能,只能利用可见光区的部分波长。对动植物而言,红光和蓝光是最佳的光源。在室内空间中,植物经常是通过玻璃获得光线的,因此玻璃的性质就非常重要。白玻璃能够均匀地透射整个可见光光谱的光线,为植物提供最适当的光谱能量,但不利于人的舒适性,而人们曾经广泛使用的有色玻璃和反光玻璃则导致了室内光强的减弱,影响了室内植物的生长。

3.1.2 温　　度

温度是室内观赏植物养护的重要环境条件。观赏植物的叶色、叶质都是在特定的温度环境中形成的。不同的观赏植物对温度要求各不相同,这是植物在漫长的进化过程中形成的遗传特性。一般室内观赏植物都具有较高的温度要求,生长最适温度为25℃~30℃,有些在40℃的高温下仍能旺盛生长,但极不耐寒,温度降到15℃以下,生长机能就会下降,再继续降低温度,就可能使植物完全停止生长,以致不能忍耐而枯死。不同的观赏植物,因原产地不同,它们对温度适应的范围也有所差异,冬季低温往往是限制室内装饰花卉生长乃至生存的一大障碍。由于它们原产地纬度的不同以及形态结构上的差异,各种植物所能忍耐的最低温度也有差别。在栽培上,必须针对不同类型的室内装饰花卉对温度需求的差别而区别对待,以满足各自的越冬要求。现将常见室内装饰花卉越冬所需温度介绍如下:

越冬温度在10℃以上的有网纹草、南洋杉、喜荫花、花烛、花叶万年青、亮丝草、星点木、铁十字秋海棠、孔雀竹芋、花纹竹芋、丽白竹芋、海南三七、斑叶竹芋、双色竹芋、四花竹芋、变叶木、花叶芋、多孔龟背竹、观音莲、五彩千年木、媚氏彩叶凤梨、美叶光萼荷、丽穗凤梨类等。

越冬温度在5℃以上的有龙血树、朱蕉、散尾葵、三药槟榔、袖珍椰子、夏威夷椰子、美洲铁、橡皮树、琴叶榕、垂叶榕、马拉巴栗、伞树、虎尾兰、椒草、合果芋、孔雀木、吊兰、冷水花、吊竹梅、花叶木薯、虎耳草、鸟巢蕨、鹿角蕨、波斯顿蕨、鹅掌柴、紫鹅绒、单药花、白鹤芋、凤梨类,以及喜林芋属的琴叶喜林芋、心叶喜林芋、杏叶喜林芋、红帝王喜林芋、绿帝王喜林芋、红宝石喜林芋、绿宝石喜林芋、青苹果喜林芋、红锦喜林芋等。

越冬温度在0℃以上的有荷兰铁、丝兰、酒瓶兰、春羽、龟背竹、天门冬、鹤望兰、常春藤、肾蕨、美丽针葵、棕竹、苏铁、一叶兰等。

按照观赏植物越冬所需的最低温度,大致可分为3类:

(1) 高温型。一般冬季室内不低于10℃,如海芋、广东万年青、变叶木、花叶万年青、虎尾兰、龙血树、竹芋等。

(2) 低温型。冬季最低温度可低至3℃,如吊兰、洋常春藤、天门冬、苏铁、棕榈、一叶兰以及部分观赏竹等。

(3) 中温型。冬季室内温度不低于5℃,如朱蕉、部分凤梨类、铁线蕨、彩叶草、龟背竹、香龙血树、鸭跖草、吊竹梅、芦荟、文竹等。

以上仅根据常见观叶植物对越冬温度的基本需求作一般分类。由于栽培条件的差异,引种驯化时间的长短,它们对低温反映的敏感也有所区别。一般冬季低温来临前栽培上应注意做好防冬御寒工作。

夏季过高温度也不利于室内观叶植物的正常生长。有些植物,如洋常春藤当温度超过30℃时,竹芋类超过35℃时,其生长就会受阻,甚至停止,同时还会引发生理病害和病虫害;秋海棠在35℃以上的高温多湿条件下,容易引起叶片腐烂。所以,室内装饰花卉在夏季高温时,必须注意阴蔽与通风,营造较凉爽的小环境,保证其生长正常。

目前我国一些大型公共建筑,如写字楼、宾馆、酒店、候机大厅、会堂、商场等处的室内温度完全可以按人的意愿加以控制,都能够完全依靠技术手段增温、降温和通风,以保持相对恒定的温度,最大限度地满足每一个空间内人的舒适度。相对于室外而言,室内温度变化要温和得多。这些地方的最低温度并不是观赏植物室内生存的限制因子,而长期的恒温或通气条件则可能会影响观赏植物的生存和发育模式。

人为控制的室内温度相对恒定,表现在:

(1) 季节温差小。室内温度首先是满足人的舒适度,而人需求的最适温度为20℃,因此,在有空调控制的室内,温度变幅大致为15℃ ~25℃。但是,植物属于变温生物,其根、茎、叶(花、果实)体温均随着气温的变化而形成一定的生长规律。来自不同原产地的各种植物对温度的周期性感应也不一样。原产温带地区的植物随四季的周期性变化而相应形成生长发育的周期性变化:春季萌芽生长,夏季旺盛生长,秋季落叶准备休眠,生长缓慢,冬季停止生长进入休眠。原产热带的植物,也可观察到干湿两季的变化:在干季常出现落叶,在湿季旺盛生长。原产地中海气候的植物如水仙、郁金香、仙客来等,则在干燥炎热的夏季进入休眠。所以,基本恒定的室内温度可能打破植物随季节变化而生长的规律。

(2) 昼夜温差小。人是恒温动物,昼夜温度一致是最理想不过的,因此室内昼夜温差往往变化不太大。在自然界,昼夜温差却十分明显,白天温度高有利于植物的光合作用,合成的养料就多;夜间温度低,植物养料消耗少,有利于养分的积累和植物体的生长。显然,完全恒温的房间不利于植物的生长发育。

(3) 没有极端温度即没有过热、过冷的情况出现。这对某些要求低温刺激的植物是一个不利的因素。当然,室外植物还受温度异常变化(如潮、霜冻)以及高温酷热的影响,而室内基本上没有这些影响。

由于植物是变温性的,对温度具有一定的忍耐幅度,一般满足人的室内温度也适合于植物。正因为考虑到人的舒适性,室内植物大多选择原产热带、亚热带的观赏植物,因此室内有效温度最好控制在 18℃ ~24℃,最低不宜低于 10℃。

适宜的温度是栽培好室内观赏植物的重要因素之一。在温度适宜的情况下,植物生长较旺盛。但温度的作用并不是孤立的,它和光照、湿度、通气等因子共同作用于植物。

3.1.3 空　　气

由于很多细菌在不通风的情况下迅速繁殖,使植物生病枯死,所以室内需要适当地进行通风。

空气中二氧化碳和氧都是植物光合作用的主要原料和物质条件。这两种气体的浓度直接影响植物的健康生长与开花状况。树木有机体主要原素中,碳占 45%,氧占 42%,氢占 6.5%,氮占 1.5%,其他占 5%,其中碳、氧都来自二氧化碳,提高二氧化碳浓度可大大提高植物光合作用效率。因此,有时在植物的养护栽培中应用了二氧化碳发生器等。

空气中还常含有植物分泌的挥发性物质,其中有些能影响其他植物的生长,如铃兰花朵的芳香能使丁香萎蔫,洋艾分泌物能抑制圆叶当归、石竹、大丽菊、亚麻等的生长,还有的植物具有杀菌驱虫的作用。

3.1.4 湿　　度

水是植物的重要组成部分,占植物鲜重的 75% ~90% 以上,也是植物生命活动的必要条件。植物生长所需要的矿质元素都来自水,被根毛吸收后供植物体的生长和发育。光合作用也只有在有水的情况下才能进行,所以植物需水量很大。由于室内观赏植物原产地的雨量及其分布状况差异很大,不同种类植物需水量差异也较大。为了适应环境的水分状况,植物体在形态上和生理机能上具有特殊的要求。

在室外,水以气态水(湿度)、液态水(云、雨、露、雾)及固态水(霜、雪和冰雹)对植物产生影响,而在室内,除了水生植物的基质水外,水主要以湿度的形式影响植物。水分对植物的生长影响也有一个最高、最适和最低(量)的三基点。低于最低点,植物萎蔫,生长停止,枯萎;高于最高点,根系缺氧,窒息,烂根。只有水处于最适范围内,才能维持植物的水分平衡,保证其正常生长。

室内装饰花卉除个别的种类比较耐干燥外,大多数植物在生长期都需要比较充足的水分。水分包括土壤水分和空气水分两部分。由于室内装饰花卉是原产于热带或亚热带森林中的附生植物和林下喜阴植物,所以空气中的水分对植物生长特别重要。但是,由于室内观叶植物原生长环境的差异性以及形态结构和生长的多样化，所以它们对空气湿度的需求也有所不同。

需要高湿度（相对湿度在60%以上）的植物有喜林芋类、花叶芋、花烛、黄金葛、白鹤芋、绿巨人、冷水花、金鱼草、龟背竹、竹芋类、凤梨类、蕨类；需要中湿度（相对湿度为50% ~60%）的植物有天门冬、金脉爵床、球兰、椒草、亮丝草、秋海棠、散尾葵、三药槟榔、袖珍椰子、夏威夷椰子、马拉巴栗、龙血树、花叶万年青、春羽、伞树、合果芋等；需要较低湿度（相对湿度为40% ~50%）的植物有酒瓶兰、荷叶兰、一叶兰、鹅掌柴、橡皮树、琴叶榕、棕竹、美丽针葵、变叶木、垂叶榕、苏铁、美洲铁、朱蕉等。

室内装饰花卉对湿度的要求随季节的变化而有所不同。一般旺盛生长期需要较充足的土壤和较高的空气湿度才能保证正常生长需要，休眠期则需要较少的水分，只要保证生理需要即可。春、夏季气温高，阳光强烈，遇到风大、空气干燥的天气，须给予充足的水分；秋季气温较高，蒸发量也大，空气湿度较低，也须给予充足的水分；秋末及冬季气温低，阳光弱，需水量较少。

常见观赏植物按其对水分的需求量及其对水湿或干旱环境的适应能力，可分为4类：

(1) 水生植物指所有生活在水中的植物，这类植物最突出的特点是通气组织发达。根据生长环境中水的深浅不同，可分为沉水植物、浮水植物和挺水植物3类。沉水植物如金鱼藻等，浮水植物如睡莲、浮萍等，挺水植物如香蒲、芦苇等。

(2)湿生植物喜欢空气湿度大的阴湿环境，如天南星科植物、蕨类。这些植物在干旱低湿的环境中姿色不佳，甚至会死亡。

(3) 旱生植物耐旱性强，喜干燥环境，需水量较少，土壤含水量少、空气湿度低，甚至短期缺水，都不会对它们产生多大影响。为适应干旱的环境，它们在外部形态和内部构造上都产生了许多适应性的变化和特征，如叶片变小，变成针状或肉质化，表皮层、角质层加厚，气孔下陷，叶表面具厚茸毛，以减少体内水分蒸腾，同时根系都比较发达，能增强吸水力，如仙人掌类、景天科植物、龙舌兰、虎尾兰、芦荟等。但这类植物不耐涝，如浇水过多、空气湿度太大，反而会引起根部病害或烂根。

(4) 中生植物喜欢湿润环境，忌水分过多。在土壤过分干燥或过分潮湿的条件下，生长不良，如文竹、吊兰、君子兰、鹤望兰、冷水花、橡皮树、棕竹、苏铁、棕榈、秋海棠类、观音竹等。

中生植物的需水程度介于湿生与旱生植物之间，但因种类不同而有一定的差异，在水分管理上，要视具体种类分别对待。

观赏植物在各生长发育阶段也具有不同的需水要求。室内观赏植物是以观赏绿叶为主，而一般茎叶营养生长阶段必须有足够的水分，若在冬季或夏季处于休眠阶段就无需过多水分。在栽培管理上还要注意经常调节土壤水分和空气湿度，创造一个适宜生存的良好的水湿环境。

室内环境水源一般都有保证，因此只要精心管理就不存在植物缺水的情况。但空气湿度这一因素往往被忽视。实际上，空气中的湿度对室内植物的影响并不亚于土壤湿度。观叶植物在室内栽培时，室内较低的湿度常常会使那些对湿度敏感植物的叶子受害，尤其是一些湿生植物、附生植物、蕨类植物、苔藓植物、凤梨科植物、食虫植物及气生兰类。在自然界中，它们附生于树干枝上，生长于岩壁上、石缝间，吸收湿润的云雾中的水分，当它们被引入室内栽培时，必须保持较高的相对湿度，不然就会死亡。在现代化栽培设施广泛运用的今天，可用现代设施代替人工喷雾方法来提高室内相对湿度，如自动超微喷雾装置，利用电子学的光电装置，在空气干燥时，自动为室内植物喷雾，以提高空气湿度。

由于人的最适湿度不是很高，因此需要协调人与植物的关系，室内空气湿度一般控制在40% ~60%为宜，如降至25%时植物就生长不良。对一些附生性和气生植物，以及很多观叶植物，可局部增大湿度满足其生长需要，在内庭设置水池、叠水、瀑布、喷泉等，有助于提高空气湿度；成丛、立体化配置植物，可使之形成一个相互依赖的群落，各单株植物蒸腾放出的水分增加了周围空气的湿度，从而使植物相互受益。夏季，在室内温度高、湿度大的情况下，要注意通风透气，室内空气流通差，供给植物生长的二氧化碳和氧气不足，会导致植物生长不良，易发生病虫害。

室内植物需水程度比室外植物相对小得多。室内几乎无风，光照强度及光照时间都相对减少，水从叶表面和根部培养土中蒸发的量大大减少，因此水主要用于满足其生理需要了。室内植物供水技术自从把植物引入室内就开始了。到现在，人工浇水仍是最普通的供水方法，但随着室内植物种植类型的多样性及种植位置的限定性减少，室内植物供水技术也得到很大发展。近年来，国内外出现了智能型灌溉系统，这种系统最基本的组成部分是盛水容器、真空传感器和毛细管系统。它是利用类似自然界植物吸水的机能，若根部吸水时，通过真空传感器感应，毛细管部分能够自动从储水器中吸取水分，消除了人工浇水引起的一干一湿循环的情况，此设施可制成移动式种植器和固定式种植器，形成地灌系统。

3.2　室内花卉装饰的类型

根据室内花卉装饰的材料可以分为室内盆栽花卉装饰、水培花卉装饰、插花装饰、压花装饰、瓶景等类型。

盆栽花卉四季都有开花的品种，且花期容易调控，可满足许多重大节日和临时性重大活动的用花。现在广泛应用于宾馆、饭店、写字楼、娱乐中心、度假村等场所。

由于盆栽植物的养护管理较麻烦，又会影响室内卫生，无土栽培渐渐受到欢迎。人们最感兴趣的是水栽花卉，就是把花卉插在水中栽培，它既清洁又美丽，绿叶清水，放在室内绿意盎然，具有较好的装饰效果。

插花就是将具有观赏价值的植物花、枝、叶、果等材料，经过一定的技术处理和艺术加工插入容器中，组合成精美的、具有立体造型艺术的花卉装饰品。插花作品融自然花材的绚丽色彩、婀娜多姿、芬芳而清新的大自然气息于优美的造型中，能使观赏者领略到生机勃勃的大自然之美。插花艺术作品具有生命力，因而有别于其他工艺品。插花作品具有很强的装饰效果，集众花之美而造型，如能因环境而陈设、使用，则更具有较强的艺术感染力，对于装饰环境和人的仪容具有画龙点睛的效果。

压花艺术是一个大家比较生疏的名词，不像插花艺术那样家喻户晓。其实，很多人在童年时都曾拾取掉落的树叶或摘几朵娇丽的小花压在书本中，过一些时候，再打开书本，哇，多美的树叶和小花啊！虽然有些变色，但花叶被压得平平整整，想起那已逝去的季节及伴随季节的花草，再看书中可爱的叶片和小花，心中充满爱怜和激动。这就是压花艺术的开始。用制作的压花作品来装饰环境是一件美妙的事情。

3.3　室内盆栽花卉装饰技艺

3.3.1　单一盆栽装饰技艺

盆栽花卉是环境花卉装饰的基本材料，具有布置更换方便、种类形式多样、观赏期长，而且四季都有开花及适应性强等优点。另外，盆栽花卉种类形式多样，花朵大小、花形、花色、叶形、叶色、植株大小等可供选择的余地大，为装点环境提供了有利的条件。盆栽花卉适应性广，不同程度的光照、水分、温度、湿度等环境都有与之相适应的盆栽花卉。

一、盆花的分类

依据盆花高度（包括盆高）分类：

特大盆花 200cm 以上。

大型盆花 130 ~ 200cm。

中型盆花 50 ~ 130cm。

小型盆花 20 ~ 50cm。

特小型盆花 20cm 以下。

二、依据盆花的形态分类

1. 直立型盆花

植株生长向上伸展，大多数盆花属于此类，如朱蕉、君子兰、四季秋海棠、菊花等，是环境布置的主体材料。

2. 匍匐型盆花

植株向四周匍匐生长，有的种类在节间处着地生根，如吊竹梅、吊兰等，是覆盖地面或垂吊观赏的良好材料。

3. 攀援性盆花

植株具有攀援性或缠绕性，可借助他物向上攀升，如文竹、常春藤、绿萝等，可美化墙面、阳台、高台等，或以各种造型营造艺术氛围。

三、依据对光照要求不同分类

1. 要求光照充足的盆花

适合露地生长，对光照要求高。适宜露地花坛布置应用，作庭院布置、街头摆放用。若用于室内，仅可供观赏 3 ~ 10 天，如荷花、菊花、美人蕉等。

2. 要求室内光照充足的盆花

宜摆放在室内阳光充足处，供短期观赏，1 ~ 2 周应更换（如表 3-1）。

表 3-1　适于室内光照充足处摆放的花卉及规格

花卉名称	学　名	适宜规格
白兰花	*Michelia alba*	特大、大、中
叶子花	*Bougainvillea spectabilis*	大、中
梅花	*Prunus mume*	中、小
月季	*Rosa chinensis*	小
一品红	*Euphorbia pulcherrima*	中、小
杜鹃花类	*Rhododendron spp.*	中、小
报春花类	*Primula malacoides*	小
秋海棠类	*Begonia spp.*	中、小
扶桑	*Hibiscus rosasinensis*	中、小
变叶木	*Codiaeum variegatum*	中、小
石榴	*Punica granatum*	大、中、小
仙客来	*Cyclamen persicum*	小
瓜叶菊	*Cineraria cruenta*	小

3. 要求室内明亮并有部分直射光的盆花(表3-2)

表 3-2　适于室内明亮并有部分直射光处摆放的花卉及规格

花卉名称	学　名	适宜规格
南洋杉	*Araucaria cunninghamii*	特大、大
印度橡皮树	*Ficus elastica*	特大、大、中
含笑	*Michelia figo*	特大、大
山茶花	*Camelia japonica*	大、中
柑橘类	*Citrus spp.*	大、中、小
南天竹	*Nandina domestica*	中、小
散尾葵	*Chrysalidocaarpus lutescens*	大、中
朱蕉	*Cordyline fruticosa*	大、中
玉簪类	*Hosta plantaginea*	小
吊兰	*Chlorophytum capense*	小
凤梨类	*Guzmania spp.*	小
竹芋类	*Marania spp.*	中、小
广东万年青	*Aglaonema modestum*	中、小
蕨类植物	*Pleridophyla spp.*	小

4. 要求室内明亮而无直射光的盆花(表3-3)

表3-3 适于室内明亮而无直射光处摆放的花卉及规格

花卉名称	学名	适宜规格
棕榈	*Trachycarpus fortunei*	特大、大、中
蒲葵	*Livistona chinensis*	大、中
棕竹	*Rhapis excelsa*	大、中
龟背竹	*Monstera deliciosa*	中
君子兰	*Clivia miniata*	中、小
一叶兰	*Aspidistra elatior*	中、小
万年青	*Rohdea japonica*	小
沿阶草	*Ophiopogon spp.*	小

四、盆花的主要应用形式

1. 露地应用

应用形式可分为:

(1) 平面式布置。用盆花水平摆放成各种图形,其立面的高度差较小,适用于小型布置。用花种类不宜过多,其四面观赏布置的中心或一面观赏布置的背面中部最好有主体盆花,以使主次分明,构成鲜明的艺术效果。也可布置成花境、连续花坛等,主要运用于较小环境的布置,如院落、建筑门前或小路两旁等,或在大型场合中作局部布置。

(2) 立体式布置。多设置花架,将盆花码放架上,构成立面图形。花架的层距要适宜,前排的植株能将后排的花盆完全掩盖,最前一排用观叶植物镶边,如天门冬、肾蕨等,利用它们下垂的枝叶挡住花盆。用于大型花坛布置。图案和花纹不宜过细,以简洁、华丽、庄重为宜。立体式布置多设置在门前广场、交叉路口等处。

(3) 盆花造境。按照设计图搭成相应的支架,将盆花组合成设计的图案,再配以人造水体,如喷泉、人造瀑布等。如每年“十一”,各地广场都有许多大型植物造境。

露地环境气温较高,阳光强烈,空气湿度小,通风较好,选用的盆花要适宜这样的环境条件,如一串红、天竺葵、瓜叶菊、冷水花、南洋杉、一品红、叶子花、榕树、海桐等。

2. 室内应用

室内布置的形式可分为:

(1) 正门内布置。多用对称式布置,常置于大厅两侧,因地制宜,可布置两株大型盆花,或成两组小型花卉布置。常用的花卉有苏铁、散尾葵、南洋杉、鱼尾葵、山茶花等。

(2) 盆花花坛。多布置在大厅、正门内、主席台处。依场所环境不同可布置成平面式或立体式,但要注意室内光线弱,选择的花卉光彩要明丽鲜亮,不宜过分浓重。

(3) 垂吊式布置。在大厅四周种植池中摆放枝条下垂的盆花,犹如自然下垂的绿色帘幕,轻盈飘逸,十分美观。或置于室内角落的花架上,或悬吊观赏,均有良好的艺术效果。常用的花卉有绿萝、常春藤、吊竹梅、吊兰、紫鸭趾草等。

(4) 组合盆栽布置。组合盆栽是近年流行的花卉应用,强调组合设计,被称为“活的花艺”。将草花设计成组合盆栽，并搭配一些大小不等的容器，配合株高的变化，以群组的方式放置。另外，还可以根据消费者的爱好，随意打造一些理想的有立体感的组合景观。

(5) 室内角隅布置。角隅部分是室内花卉装饰的重要部位，因其光线通常较弱，直射光较少，所以要选用一些较耐弱光的花卉，大型盆花可直接置于地面，中小型盆花可放在花架上，如巴西铁、鹅掌柴、棕竹、龟背竹、喜林芋等。

(6) 案头布置。多置于写字台或茶几上，对盆花的质量要求较高，要经常更换，宜选用中小型盆花，如兰花、文竹、多浆植物、杜鹃花、案头菊等。

(7) 造景式布置。多布置在宾馆、饭店的四季厅中。可结合原有的景点，用盆花加以装饰，也可配合水景布置。一般的盆栽花卉都可以采用。

(8) 窗台布置。窗台布置是美化室内环境的重要手段。南向窗台大多向阳干燥，宜选择抗旱性较强的虎刺、虎尾兰和仙人掌类及多浆植物以及茉莉、米兰、君子兰等观赏花卉；北向窗台可选择耐阴的观叶植物，如常春藤、绿萝、吊兰和一叶兰等。窗台布置要注意以适量采光及不遮挡视线为宜。

五、盆花的装饰设计

1. 大门口的绿化装饰

大门是人的进出必经之地，是迎送宾客的场所，绿化装饰要求朴实、大方、充满活力，并能反映出单位的明显特征。布置时，通常采用规则式对称布置，选用体形壮观的高大植物配置于门内外两边，周围以中小形花卉植物配置 2 ~ 3 层形成对称整齐的花带、花坛，使人感到亲切明快。

2. 宾馆大堂的绿化装饰

宾馆的大堂，是迎接客人的重要场所。对整体景观的要求，要有一个热情好客的气氛，并带有豪华富丽的气魄感，才会给人留下美满深刻的印象。因此在植物材料的选择上，应注重珍、奇、高、大，或色彩绚丽，或经过一定艺术加工的富有寓意的植物盆景。为突出主景，再配以色彩夺目的观叶花卉或鲜花作为配景。

3. 走廊的绿化装饰

此处的景观应带有浪漫色彩，使人漫步于此有轻松愉快的感觉。因此，可以多采用具有形态多变的攀援或悬垂性植物，此类植物茎枝柔软，斜垂盆外，临风轻荡，具有飞动飘逸之美，使人倍感轻快，情态宛然。

4. 居住环境绿化装饰

首先要根据房间和门厅大小、朝向、采光条件选择植物。一般说，房间大的客厅、大门厅，可以选择枝叶舒展、姿态潇洒的大型观叶植物，如棕竹、橡皮树、南洋杉、散尾葵等，同时悬吊几盆悬挂植物，使房间显得明快，富有自然气息。大房间和门厅绿化装饰要以大型观叶植物和吊盆为主，在某些特定位置，如桌面、柜顶和花架等处点缀小型盆栽植物；若房间面积较小，则宜选择娇小玲珑、姿态优美的小型观叶植物，如文竹、袖珍椰子等。其次要注意观叶植物的色彩、形态和气质与房间功能相协调。客厅布置应力求典雅古朴，美观大方，因此要选择庄重幽雅的观叶植物。墙角宜放置苏铁、棕竹等大中型盆栽植物，沙发旁宜选用较大的散尾葵、鱼尾葵等，茶几和桌面上可放 1 ~ 2 盆小型盆栽植物。在较大的客厅里，可在墙边和窗户旁悬挂 1 ~ 2 盆绿萝、常春藤。书房要突出宁静、清新、幽雅的气氛，可在写字台放置文竹,书架顶端可放常春藤或绿萝。卧室要突出温馨和谐,所以宜选择色彩柔和、形态优美的观叶植物作为装饰材料,利于睡眠和消除疲劳。微香有催眠入睡之功能,因此植物配置要协调和谐,少而静,多以 1 ~2 盆色彩素雅、株型矮小的植物为主。忌色彩艳丽,香味过浓,气氛热烈。

5. 办公室的绿化装饰

办公室内的植物布置,除了美化作用外,空气净化作用也很重要。由于电脑等办公设备的增多,辐射增加,所以采用一些对空气净化作用大的植物尤为重要。可选用绿萝、金琥、巴西木、吊兰、荷兰铁、散尾葵、鱼尾葵、马拉巴栗、棕竹等植物。另外由于空间的限制,采用一些垂吊植物也可增加绿化的层次感,还可在窗台、墙角及办公桌等处点缀少量花卉。

6. 会议室的绿化装饰

布置时要因室内空间大小而异。中小型会议室多以中央的条桌为主进行布置。桌面上可摆放插花和小型观叶、观花类花卉,数量不能过多,品种不宜过杂。大型会议室常在会议桌上摆上几盆插花或小型盆花,在会议桌前整齐地摆放 1 ~2 排盆花,可以是观叶与观花植物间隔布置,也可以是一排观叶、一排观花的。后排要比前排高,其高矮以不超过主席台会议桌为宜,形成高矮有序,错落有致,观叶、观花相协调的景观。

7. 展览室与陈列室绿化装饰

展览室与陈列室常用盆花装饰。如举办书画或摄影展览,一般空地面积较大,但决不能摆设盆花群,更不能用观赏价值较高、造型奇特或特别引人注目的盆花进行摆设,否则会喧宾夺主,使画展、影展变成花展,分散观众的目标。布置的目的是协调空间、点缀环境,其数量一般不宜多,仅于角隅、窗台或空隙处摆放单株观叶盆花即可,如橡皮树、蒲葵、苏铁、棕竹等。

8. 各种会场绿化装饰

(1) 严肃性的会场。要采用对称均衡的形式布置,显示出庄严和稳定的气氛,选用常绿植物为主调,适当点缀少量色泽鲜艳的盆花,使整个会场布局协调,气氛庄重。

(2) 迎、送会场。要装饰得五彩缤纷,气氛热烈。选择比例相同的观叶、观花植物,配以花束、花篮,突出暖色基调,用规则式对称均衡的处理手法布局,形成开朗、明快的场面。

(3) 节日庆典会场。选择色、香、形俱全的各种类型植物,以组合式手法布置花带、花丛及雄伟的植物造型等景观,并配以插花、花篮等,使整个会场气氛轻松、愉快、团结、祥和,激发人们热爱生活、努力工作的情感。

(4) 悼念会场。应以松柏等常青植物为主体,规则式布置手法形成万古长青、庄严肃穆的气氛。与会者心情沉重,整体效果不可过于冷感,以免加剧悲伤情绪,应适当点缀一些白、蓝、青、紫、黄及淡红的花卉,以激发人们化悲痛为力量的情感。

(5) 文艺联欢会场。多采用组合式手法布置,以点、线、面相连装饰空间,选用植物可多种多样,内容丰富,布局要高低错落有致。色调艳丽协调,并在不同高度以吊、挂方式装饰空间,形成一个花团锦簇的大花园,使人感到轻松、活泼、亲切、愉快,得到美的享受。

(6) 音乐欣赏会场。要求以自然手法布置,选择体形优美、线条柔和、色泽淡雅的观叶、观花植物,进行有节奏的布置,并用有规律的垂吊植物点缀空间,使人置身于音乐世界里,聚精会神地去领略那和谐动听的乐章。

3.3.2 组合盆栽技艺

组合盆栽，就是把多种植物仿照自然生长的植物群落，摆放种植于同一容器中，来观赏其整体效果的一种栽培方式。由于多种植物配植在一起所产生的形态、色彩等方面的对比及相互掩映，显得生动活泼富于变化，其观赏价值要比单株盆栽高得多。

组合盆栽所用的花卉要尽可能选择对水分、光照、温度等条件要求相近，叶形、叶色形态不同的植物来搭配。习性相近则日后的管理较方便，生长也都能正常；高矮大小不同的形态易于组合；叶色、叶形不同会创造迥异的质感。容器的质地、色泽和大小对整个盆栽的风格有非常大的影响。瓷盆感觉比较高贵，藤器比较粗犷，有乡野的感觉，木质容器则有自然的感觉。容器的大小要和植株的高度配合成一定的比例，不然会产生头重脚轻的感觉。藤器不可直接栽植，宜做套盆或衬上塑料膜后栽种，以免因潮湿而发霉。动手栽植时，先选出主体植物，以确定整个作品的大小，一般均以直立生长的鹅掌柴、龙血树、朱蕉、伞草等为主体，再依次由后往前、由上及下开始组合，组合时需注意品种的对比，避免把叶形、叶色相似的植物放在一起。为了柔化容器的边缘，可在外沿加一些蔓性植物，垂下少许枝条。最后在植栽空间铺上一些好看的卵石、贝壳，整体盆栽就大致完成了。

一、组合盆栽常见的几种组合方式

1. 多色植物组合

宜选用叶色丰富、叶形多变的植物为主体，配以叶色宁静的其他植物作为衬托，如变叶木、假五加、紫脉竹芋的组合。

2. 有花植物组合

宜将花期较长、花色明亮的植物放置在焦点处，背景以绿色观叶植物衬托，一般只选一种单色有花植物，以免杂乱。摆放时宜置较光亮的窗前，以满足开花植物的需要，如合果芋（立体栽培）、水竹草等配金苞花。

3. 悬垂植物组合

配置形式多种多样，但通常是将植株较高或较直立的种类置于容器中央，小型藤蔓类植物配置在四周。宜选枝叶纤细、蔓长的植物，如吊兰、洋常春藤、长春蔓、绿萝、铁线蕨等。

二、应用组合盆栽时的注意事项

1. 选择适宜的植物

根据所陈设的位置及美学原理决定组合盆栽的植物种类，并以一种作主体，另 1 ~ 3 种作陪衬。

2. 植物数量适当，且搭配适宜

一般小型容器每盆栽 2 ~ 3 种，中等容器每盆栽 3 ~ 4 种，大型容器每盆栽 4 ~ 5 种。

3. 植物品种要匹配

一是要求植物生态习性相近，二是叶型、叶色、株型各异且协调相配。

4. 挑选合适的容器

要求朴实大方，要与植物协调，不能喧宾夺主，必须从属于植物，可结合室内家具风格选用一些有特色的容器，如藤器。

5. 组合式盆栽要领

首先决定主体植物，一般将它栽于盆中央，然后依次由后向前、由上而下进行组合栽植。栽植时，要避免将叶色相近的植物放在一起。为使盆土不露天而影响观瞻，可在容器边缘适当栽些小型蔓生植物，或在空隙处铺上些装饰覆盖物（如卵石、贝壳等）加以点缀。

三、组合盆栽的种植

1. 立意构思

构思是组合盆栽必须重视的一个关键。清代方熏在《山静居画论》中指出："做画必先立意，以定位置，意奇则奇，意高则高，意古则古，庸则庸，俗则俗矣。"组合盆栽也一样，立意构思的好坏与组合盆栽的优劣有着极大的关系。如果不经思考，将拿来的几种植物随意胡乱种植在一起，是不可能制作出好的作品来的。所以要根据手头上的器皿和植物材料，在种植前反复推敲，反复思考，构思最佳的配置方案，然后再进行种植，才能产生出好的组合盆栽的作品来。

2. 器皿的选择

容器的选择，首先应该采用已有的，或容易取得的。组合盆栽的关键是植物的布局，有时一个并不显眼的器皿，在精心构思和种植后，却能得到令人眼前一亮的作品来。当然好的器皿也是很必要的，但好的器皿并不一定是指质地精细、价格昂贵的，只有与植物材料互相衬映、相互协调才是好的器皿。

3. 植物的选择

容器选定后，即应根据器皿的大小、深度与色彩来选择合适的主体植物材料，其他的植物材料要准备充足些，要有叶形、色彩等方面的变化。为了达到色彩绚丽的目的，可选择一些开花的植物种类，以便种植时挑选。

4. 培养土的准备

组合盆栽种植所需的培养土与一般盆栽基本相同。一般可用园土、泥炭土或腐叶土、砻糠灰或珍珠岩按 1∶2∶1 的比例配合而成，配制成的介质还应掺入一些腐熟的有机肥做基肥，以满足植物生长的需要。

5. 植物的种植

用碎盆片或干苔藓将容器底的排水孔填住，放入部分培养土，然后就可以开始种植了。若容器较深，可在底部放一层陶粒、碎盆片或粗土粒做排水层。

种植植物时，先种主体植物，主体植物在高度与体量上要占绝对优势。富贵竹、细叶龙血树等枝叶较细小的植物种类，可用数株组成一丛作为主体。主体种植后，即可根据植物的高度、色彩等，并按照构图要求，在主体植物的左右前后进行配置种植。种植要有层次感，要求基部饱满，充实盆面的空隙部分，可用网纹草、冷水花、虎耳草、露子花等植物填充。在主体的另一侧，可以种植洋常春藤、花叶蔓长春花、吊竹梅等匍匐性植物，让其悬挂于容器之外，以加强动势。高脚状的容器，可在边缘种植一些枝叶下挂的植物，如翡翠珠、吊兰、吊灯花等，以与器皿形成一体。

种植植物时，先将植株从盆中脱出，剥除一部分旧土，剥除旧土的多少，应视植物大小与植物空间的大小而定，以不影响成活与观赏，并能栽入器皿中为度。在能种入的情况下，应尽量保留旧土，以不影响植物的成活与生长。

植物种植后要将盆土整平，植株周围的空档土面处，可贴上青苔或铺上一层陶粒，以使作品清洁卫生，同时又具有良好的装饰效果。

种植完毕，应浇足水，放在半阴避风处养护半个月左右，待植株恢复正常，即可进行常规的养护。

四、组合盆栽的养护

1. 浇水

应遵循“不干不浇，浇则浇透”的原则，保持盆土干干湿湿的状况对花卉的生长是十分有利的。当然，不同的植物对水分的要求是不同的，龟背竹、棕竹、袖珍椰子、旱伞草、紫鹅绒等植物生长期喜欢湿润的生态条件，浇水应掌握“宁湿勿干”的原则；酒瓶兰、马拉巴栗（发财树）等喜欢干燥的环境，浇水应掌握“宁干勿湿”的原则。

由于组合盆栽选用的植物种类大多在冬季需要较温暖的条件，所以在越冬期间应控制水分，使盆土保持比较干燥的状态，这样有利于植物的越冬。另外，芦荟类、吊灯花、绒毛掌、翡翠珠、洋常春藤等花卉在夏季高温时常处于休眠或半休眠状态，也要控制浇水量，否则容易造成烂根。

很多植物性喜湿润的环境，它们除了从根部吸收水分外，还能利用叶面或气生根吸收空气中的水分。空气过于干燥，会使植物的叶面出现缺水现象，如叶面卷曲、叶缘和叶尖干焦等。所以应在生长期间每天往枝叶及周围环境喷水数次，不但可以保持叶面清洁，而且还可提高空气相对湿度，有利于花卉的生长。观赏凤梨在浇水时，还需将叶丛中间的水槽灌满水，以供生长的需要。

大部分组合盆栽选用的植物，只要保持介质湿润，即可生长良好，只有少部分植物需要较干燥的环境，如仙人掌和多肉植物，而蕨类植物和食虫植物则要求有较高的空气湿度才能生长良好。至于浇水多少必须依照植物种类及栽培经验判断，通常可用手指碰触介质表面下 1cm 处，了解介质的湿润程度，决定浇水与否。浇水应掌握“不干不浇，浇必浇透”的原则，浇后应及时倒掉水盘中多余的水。

2. 施肥

由于组合盆栽的容器较小，营养面积十分有限，而种植的植物株数较多，所以要使植物正常生长发育，必须合理、适时、适量地进行施肥。

（1）施肥原则。应遵循“适花适时，薄肥勤施”的原则。不同植物与同一植物的不同生长时期，对养分的要求是不一样的。一般观叶为主的花卉应以施氮肥为主，辅以磷钾肥，但叶面有彩色斑纹的种类则宜多施磷钾肥，可使叶面色彩保持鲜艳。若施氮肥过多，则叶片斑纹的颜色会变淡甚至消失。开花的植物在开花期一般不宜施肥，以免引起落花；但开花不断的植物，如何氏凤仙、四季海棠、孔雀草等则宜不断进行施肥，以补充大量开花对养分的消耗。夏季高温期间呈休眠或半休眠的植物，应停止施肥。观赏凤梨在施肥时，除要浇在盆土中外，还需施在叶丛中间的水槽内。

（2）施肥时期。施肥宜在土壤干燥时进行，土壤潮湿时施肥，容易造成养分流失，也不利于植物对养分的吸收。施肥时要注意避免污染植物的枝叶，施后最好用清水淋浇一下。施肥后的第二天要浇一次水量较大的水，称“还水”。植物的叶片也能吸收营养元素，所以也可将叶肥喷在叶面上，使营养物质从叶面进入体内。

(3) 肥料种类。肥料分为有机肥料与无机肥料两大类。有机肥料在做追肥时,由于不卫生和有异味,因而不宜在家庭中使用。无机肥料中,氮肥一般可用尿素,磷钾肥一般可用过磷酸钙或磷酸二氢钾,目前市场上供应的还有多种元素的复合肥料。无机肥的含肥量高,施肥时应注意比例,一般根施的浓度为 0.5%,根外追肥则以 0.1% ~0.2% 为宜。

为克服一般化肥溶解快、养分容易流失、肥效短的缺点,人们将氮、磷、钾三要素及微量元素根据需要按一定的比例混合制成颗粒肥料。颗粒肥料可以逐步溶化并供植物吸收利用,从而使肥效延长。由于颗粒肥料具有养分完全、安全卫生、使用方便等优点,因而是适宜组合盆栽施用的理想肥料。但颗粒肥料的有效、速效养分较高,需注意施用浓度。

3. 光照调节和通风

(1) 光照的调节。由于组合盆栽所使用的植物绝大多数为喜半阴或耐半阴的种类,所以应置放在室内散射光充足处。强光直射会使植物的叶片变得萎黄,焦尖焦边,生长变弱;但过阴时,则枝叶徒长、细瘦,节间变长,叶片变小、畸形,失去光泽,叶面的彩色斑纹变淡消失甚至产生大量黄叶或落叶。如果组合盆栽置放位置过阴而光照不足时,可采用人工补光的办法来补光照,一般将 40 瓦荧光灯置于距植物约 20cm 处,每天补光 3 ~5 个小时,即可满足大多数喜半阴植物的生长需求。如无人工补光条件,可将过阴处的组合盆栽置放一个时期后移置光照适宜处调养一段时间,而不宜在过阴处置放过久。多数用作组合盆栽的盆花,一般可视为半日照植物,要注意室内摆放的位置,有些阴生观叶植物,应避免强光直射。对于大多数组合盆栽栽培者,建议将全日照植物栽植于户外或采光良好的中庭,而半日照植物的组合盆栽应置于窗边 1m 内,耐阴植物适合摆放在距窗边 2m 以内。

(2) 通风。通风可以使植株生长健壮,所以家庭组合盆栽应尽量放置在通风好的地方,使之健康生长,避免病虫害发生。

4. 整形修剪

组合盆栽在栽培生长一段时间后,有些植物生长过快或生长不佳,会造成形态变劣,此时应注意整形修剪。

(1) 摘心与清理枯枝烂叶。对过长的枝条或破坏整体感的枝条要注意摘心与短缩修剪,剪到适当的长度或去除整根枝条,对于枯萎或烂掉的枝叶,要及时摘除。发现叶片开始变黄,也要及早摘除。

(2) 摘除残花。花朵枯萎后,不但会影响观赏,而且结种子会消耗大量的养分,使植物体消耗贮存的养分,还会染上霉菌从而长出霉斑,以致发生各种由霉菌引起的病斑。因此,花朵接近凋谢时,要及时摘除,以保持最佳观赏效果。

(3) 修去密的枝叶。组合盆栽经一定时间的生长,枝叶会变得过于稠密,影响通风透光,因此,栽培过程中应注意对过密枝叶进行修剪,以确保一定的生长空间。

5. 病虫害防治

病虫害防治的原则是预防重于治疗。经常注意观察,预防形成病虫感染的环境或发生的机会。在栽培中应注意环境适当,改善通风;浇水要以"干后再浇"为原则,避免过干或过湿;用质量好的土来种植,这样才能减少病虫害的发生。对于感染病虫害的植株要及早处理,老弱植株、观赏性不佳的植株或感染严重者,宁可除旧换新,重新栽植。

6. 综合管理

组合盆栽应依环境条件和使用目的选择适当的植物及组合形式，再依不同的使用目的及摆设方法采用不同的维护管理方法，选择适当的摆放位置，适时、适量地浇水施肥以及修剪、更换植物和防治病虫害等。

不同种类的组合盆栽应采取不同的维护管理方案。送礼用的组合盆栽可以将植物直接种在同一个篮子中，也可以将多个盆栽摆放在同一个篮子中。若是将多个盆栽摆放在同一个篮子里，自然也增加了维护管理的难度。同时礼篮制作时通常会在篮子底部铺上一层塑料布或塑料纸，或将盆栽分别包上包装纸，这种组合盆栽容易导致排水不良，需加强水分管理，注意不可积水。礼篮的观赏时间通常以两周为限，一般不需施肥，但若分开养护，则需视具体植物的要求追施肥料。在组合盆栽维护管理期间若发现有褐色、节间伸长、新生叶片变小等现象，就必须将其移至光线稍强的地方继续莳养。

用组合盆栽来装饰开放空间时，通常布置较大型的组合盆栽，植物也多为较大型的乔木、灌木配上草花，因此除了依照植物特性管理之外，还要注意及时修剪，维持盆栽制作时的形态与风格。若栽培的草花出现落叶甚至死亡现象，需要定期更换。

五、组合盆栽实例制作

实例一：

1. 植物材料和器皿

小红掌、黛粉叶、红斑刀枪药、彩叶草、紫叶酢浆草、洋春藤、白纹草，棕色浅盆景盆。

2. 操作步骤

(1) 在盆的中部偏左外种植一株株形丰满、叶色深绿的小红掌作为主体。如图 3-1 所示。

步骤一

图 3-1

步骤二

图 3-2

(2) 在主体植株的右后侧种植一株高度略低、浅绿与白色相间的黛粉叶，右前侧种植一株浅绿底色带白色斑块的红斑刀枪药，以烘托主体，并使部分红斑刀枪药的枝叶遮挡盆沿。如图 3-2 所示。

(3) 在主体的左侧种植一丛紫叶酢浆草，并使其略向左侧倾斜，在近主体植株边侧种植一株彩叶草，与合栽的黛粉叶和红斑刀枪药形成色彩上的强烈对比。在紫叶酢浆草与彩叶草之间种上一株白纹草，起分隔与补缺作用，并在色彩上形成对比；在右前侧空隙处种植一株洋春藤，并使其枝向左侧披散倾斜，以加强动势。如图 3-3 所示。

3. 布局设计思想

构图上以小红掌为主体，以紫叶酢浆草、彩叶草、红斑刀枪药、黛粉叶为第二层次，做到高低错落、枝叶舒展。白纹草种于紫叶酢浆草与彩叶草之间，既可分隔色彩，又是柔（紫叶酢浆草）与刚（彩叶草）的过渡。洋常春藤既弥补了构图的空隙，又以飘逸的枝叶增强了作品的动态，也使整个作品构成了一个均衡的不等边三角形。整个作品色彩上以红、绿、黄、白等色构成，主体小红掌的绿色叶片与红色苞片、黄色花序构成色块效果，紫叶酢浆草、彩叶草的紫红色叶片与小红掌的苞片形成呼应与变化，不仅丰富了整个作品的色彩，同时也与棕色的器皿构成了一个协调的整体。

图 3-3

实例二：

1. 植物材料和器皿

旱伞草、彩叶草、竹节秋海棠、紫鹅绒、波士顿蕨、虎耳草等，紫红色长椭圆形紫砂盆。

2. 操作步骤（图 3-4）

图 3-4　实例二操作步骤分解图

(1) 将两丛旱伞草分别种植在棕色椭圆形浅盆的左右两侧,呈一大一小、一高一低,以大而高者为主体,小而低者为客体。

(2) 将一株彩叶草种植于右侧旱伞草的前部,作第二层次,而后将一小丛波士顿蕨种于左侧旱伞草旁。

(3) 在右侧的旱伞草边种植一株紫鹅绒,左侧的旱伞草的背面种植一株竹节秋海棠。紫鹅绒的紫色叶片与竹节秋海棠叶背的鲜红色可增加整体的色彩变化,并起到稳定均衡的作用。

(4) 在左右两侧的下部种植一些虎耳草,使合栽花卉的基部更为丰满。最后在空处铺上青苔。

3. 布局设计思想

容器采用紫红色的长椭圆形紫砂盆,植物选择上以浅绿色的种类为主基调,种植形式上采用一大一小、一高一低的两丛旱伞草分组栽植,构成合栽花卉的骨架;第二层次的彩叶草、紫鹅绒和竹节秋海棠,以强调色彩变化为主,左侧的波士顿蕨则主要起到加强动势的作用。整个合栽花卉构成一个不等边三角形,两组花卉之间稍为空敞,以免产生闭塞和气闷的感觉;两组花卉的基部用虎耳草作下层植物,既增加层次,又是中间色彩较深的植物与紫红色花盆之间的过渡,而且使构图显得比较丰满。由于盆面空处较多,用铺高苔藓加以装饰。

3.4 水培花卉装饰技艺

在无土栽培中,最使人感兴趣的是水栽花卉,就是把花卉插在水中栽培。它即清洁又美丽,绿叶清水,放在室内绿意盎然。1860 年,在德国园艺家的研究下,人们已懂得用氮、磷、钾、钙、硫、铁、碳、氢、氧配制成混合营养液来栽种水培植物。

3.4.1 水培花卉种类选择

水培花卉一般为静止水栽培,许多人以为什么植物都可以,只是管理上有所差异,其实不然,在植物界既能在陆地上又能在水中生长的高等植物(两栖植物)为数极少,只有选择这类植物进行水培,才会获得成功。

这类植物都与水生植物有着千丝万缕的关系。我们知道水生植物在进化过程中是沿着沉水植物→浮水植物→挺水植物→陆水植物的进化系列演变的。沉水植物整株沉没于水中,无根或根系不发达,但通气组织特别发达,利于在空气极为缺乏的水下环境中进行气体交换,如红心芋、皇冠草、小叶水榕等;浮水植物漂浮于水面上,根茎常具有发达的通气组织,如王莲、睡莲等;挺水植物有明显的茎叶之分,茎直立挺拔,仅下部或基部沉于水中,根扎入泥中生长,大部分植株挺出水面,根有发达的通气组织,生长于靠近岸边的浅水处,如荷花、黄鸢尾等。另外,《辞海》中将植株近基部部分和根系浸没在水中的植物称为沼生植物,如水稻、香蒲等。这与生长在很湿润的空气或土壤中的湿生植物(如鸭跖草、广东万年青)有区别。当然两者之间有亲缘相关性，只不过湿生植物已进化为陆生植物，而沼生植物为水生挺水植物。

从以上进化过程看，只有湿生植物和少量挺水植物适宜栽植在静止的水（营养液）中。经过对现有水生植物进行多年研究，专家建议水培花卉爱好者首先重点选择百合科、天南星科、凤梨科、棕榈科和鸭跖草科的有关植物进行家庭水培试验。因为这些植物与水生植物有较近的亲缘关系或本身就是湿生植物，静止水培成功的希望较大，而且这些植物形态优美，大多为优良的室内观叶植物。

例如，天南星科归天南星目。哈钦松系统认为天南星目由百合目演化而来，其中的少数水生类型与茨藻目（沼生）有平行发展关系。因此，天南星科虽为陆生植物，但本身内部有少数湿生植物和极少数水生植物，且与同目中其他少数水生植物有密切的近亲缘关系，与含有少数水生植物的百合目、棕榈目等有亲缘关系。所以天南星科的植物是家庭水培的优选种类。

再如，凤梨科归凤梨目。哈钦松系统认为凤梨目来源于鸭跖草目，又进一步演化为姜目。可见，凤梨科虽为陆生植物（尚未发现水生者），但其进化的姜目和其祖先鸭跖草目内部有水生植物。也就是说凤梨目和这些目都有近亲缘关系或亲缘关系。因此，凤梨科植物也是家庭水培的优选种类。

在选择花卉水培时，初学者可考虑挑选取材方便的龟背竹、红掌、合果芋、马蹄莲、银苞芋、棕竹、袖珍椰子、旱伞草、吊竹梅、紫背万年青、花叶水竹草、铁兰、美叶光萼荷、彩苞凤梨及球根类花卉风信子、郁金香、朱顶红等。这些花卉具有优美的形态，有的为花叶兼赏植物，与水生花卉有近亲缘关系或者本身就是湿生花卉，在静止水环境下栽培容易取得成功。

有人设想采用转基因技术将旱生花卉转变为适合水培的花卉，这是完全没有必要的，也是不可取的劳民伤财工程，是对科学的亵渎。我们现在所做的工作只是在重复 100 年前人们的实践，是在采用一种古老而原始的栽培方式莳养花卉。水培花卉只不过是为家庭养花增加了一种栽培方式，不能作为栽培花卉的方向，它决不可能取代以土壤为介质栽培花卉，只能与盆栽花卉各取所长，共同发展，丰富家庭养花的内容。

选择水培花卉种类时，除了考虑要能适应水培的条件外，还必须要考虑所选择的花卉种类是否能安全越冬和是否能适应室内的光照条件等问题。有些花卉，尽管十分适应水培的条件，但对越冬温度的要求较高，如花叶万年青的有些种类和变叶木等花卉的越冬温度要求在 15℃以上，绿萝、合果芋、金边富贵竹、龙血树类、观赏凤梨等的越冬温度也要求在 10℃以上，这对在冬季加温的居室，花卉的越冬是没问题的，但对无加温设施的家庭来说，要使这些花卉安全越冬，还是比较困难的。有些花卉，虽然越冬时并不会导致整个植株的死亡，但由于受到低温的影响，植株的叶片会变得萎靡不振，失去应有的光泽，叶色变黄，叶尖和叶缘枯焦或叶片上出现焦斑，甚至引起大量脱叶或部分枝干枯死，从而丧失观赏价值。所以，在没有特殊和稳定的加温条件的居室，必须注意选择抗寒能力强的花卉种类。这类花卉有：万年青、一叶兰、花叶吉祥草、络石藤、洋常春藤、棕竹、袖珍椰子、龟背竹、桃叶珊瑚、龙舌兰、紫鸭跖草、淡竹叶、芦荟、吊兰、旱伞草、银叶菊等。

不同的花卉，对光照条件的要求也不一样。虽然适合水培的观叶植物大多喜半阴的条件，但有的花卉，如变叶木、紫叶鸭跖草、吊竹梅等，需要充足的散射光；有些花卉，如一叶兰、白鹤芋、绿巨人、广东万年青、银皇帝等,却有着极强的耐阴能力。由于不同的居室以及居室的不同部位,其光照条件都不一样,应根据置放位置的光照强度选择合适的花卉种类,以保证花卉的正常生长和保持良好的观赏性。光照不足时,往往会引起植株徒长,茎干细弱,节间拔长,叶片变小甚至畸形,失绿并失去应有的光泽。叶片有彩色条纹的,其色彩会变淡褪色,从而严重影响花卉的观赏性。

最后,还必须要考虑到个人的爱好和兴趣。有的人会对某种花卉情有独钟,而这种花卉却可能是不耐寒的,那么,可以在春天天气转暖后购入栽养。即使到冬天发生冻害,也可观赏 8 ~ 9 个月。

3.4.2 水培花卉的容器

只要是具有一定透明度的器皿,都可用作花卉水培器皿,以便观赏花卉的根系。通常,可以用作水培花卉的器皿有如下一些种类:

一、玻璃花瓶

玻璃花瓶的造型各异、种类繁多、规格齐全,并能与花卉相互映衬、相得益彰,是理想的花卉水培器皿。但价格较高,特别是刻花玻璃花瓶,虽高贵典雅,但价格昂贵,普通家庭难以接受。

二、高脚酒杯

由于高脚酒杯的杯子是由细脚托起,因而造型显得轻盈灵巧,特别适宜于用作小型水培花卉的栽培器皿。

三、茶杯

茶杯的形式和规格比较单一,深度的变化也很小,但获取比较容易,也比较经济,也用作中小型水培花卉的栽培容器。

四、酱菜瓶、饮料瓶和矿泉水瓶

这些器皿取材方便,又十分经济,而且形式和规格也较多,用来水培花卉,往往也能收到较好的观赏效果。对于塑料的饮料瓶和矿泉水瓶,可先根据水培花卉所需要的高度,用剪刀将上部剪去后使用。如图 3-5 所示。

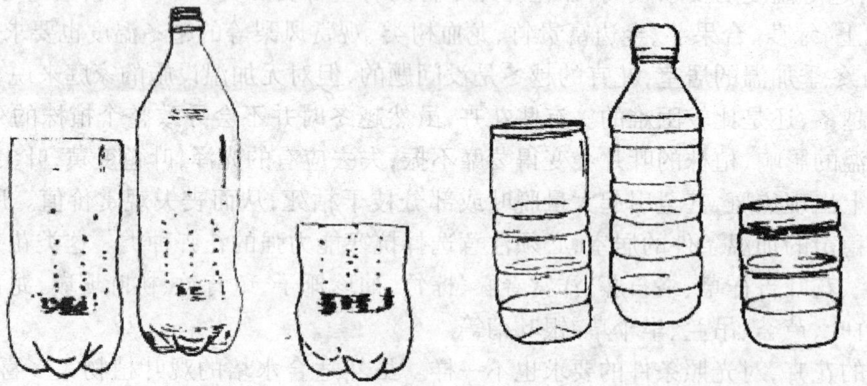

图 3-5　饮料瓶和矿泉水瓶自制水培容器

3.4.3　水培花卉的取材方法

水培花卉的取材方法可分为五种，即水插法、洗根法、分株法、剥取蘖芽法和摘取走茎小株法。

一、水插法

这是水培花卉经常采用，也是最为简便、容易栽培成功的方法。利用植物的再生能力在花卉母株上截取茎、枝的一部分插到水里，在适宜的环境下生根、发芽，而成为新的植株。可按以下步骤取得水插枝条：

(1) 选择生长健壮、节间紧凑、无病虫害的母本。

(2) 在选定截取枝条的茎节下端 0.3～0.5cm 处，用快刀切下，切面要平滑，切口部位不得挤压，更不可有纵向裂痕。

(3) 切割后的枝条有伤流，水插前要冲洗干净。

(4) 切取带有气生根的枝条时，应保护好气生根，并将其同时插入水中。气生根可变为营养根，并对植株起支撑作用。

(5) 将切下的枝条摘除下端叶片，尽快地插入水中，防止脱水影响成活。注入器皿内的水位以浸没插条的 1/2～1/3 为宜。为保持水质清纯，提高溶解氧含量，应 3～5 天更换一次自来水。同时冲洗枝条，洗净器皿。经过 30 天左右的养护，大多数水插枝条都能长出新根，根长至 5～10cm，使用低浓度水培营养液栽植。

水插的材料要挑选粗壮、造型有魅力的，如有些弯势的，可塑成悬崖、临水式的造型；另外要选没被病虫害侵袭过的健康枝条。截取的茎枝要选茎节的下端，这样容易使根从茎节间长出来。截取口应平整，以便伤口早日愈合，在插枝下部不要留叶片。

插水时应注意茎枝的长度，特别是能悬挂的蔓状藤本枝条，应选长条的插枝，几丛枝条可有较好的造型，有斜势、有直立、有丛栽，使各种植物能符合它最美的造型。对有乳汁的枝条要待它晾干，等伤口干燥后再进行水插。若碰到植株因伤口在水中被污染或受微生物、细菌伤害产生腐烂时，应剪去腐烂部分，然后再进行水插。

用水插法取得水培花卉植株操作简单，容易掌握，成活率高，但是，偶而也会产生插条创伤面受微生物侵染而腐烂的情况，此时应将插条腐烂部分截除，用 0.05%～0.1% 高锰酸钾稀释液浸泡 20 分钟，再用清水漂洗，重新插到水中。经过消毒处理后的插条一般不会再腐烂，仍然可以培育成新的植株。

二、洗根法

该方法是将土壤栽培（或其他介质栽培）的花卉除去泥土，洗根后改为水培，此方法适用于多种花卉由土培改为水培。操作程序如图 3-6 所示。

(1) 选择长势健壮、具有观赏价值的成形植株，除去根际的泥土，修剪掉枯萎根、烂根，将过长的根截短（根系不发达的花卉不作修剪），把修剪过的根漂洗干净。

(2) 洗根后的花卉舒展地放入准备好的容器里，注入没过根系 2/3～1/2 的自来水，让根的上端暴露在空气中。第一周，每天换水一次，摘除烂根，洗净根系。换水是为了增加溶解氧的含量，摘除腐烂根是防止腐败物质对水产生污染，让花卉的根生长在洁净环境里。当花卉在水中长出新根，说明该花卉已经适应了水培环境，此时改用水培营养液栽植。

图 3-6　洗根法操作示意图

花卉由土培改为水培，由于介质的改变，初期根系不完全适应，有些花卉仅有少量老根保下来，大部分须根枯萎、腐烂。经过一段时间的换水养护，可逐渐适应新的环境，茎基部位能萌生新根，老根上也会长出侧根，如海芋、花叶鹅掌柴都会产生这种现象。也有的花卉在改变栽培条件后，仅有极少部分根系枯萎，原有的根大部分能适应水培环境，并萌生出粗壮的水生根，如龟背竹、合果芋等，对水培方法栽植有较强的适应性。

三、分株法

分株法是将丛生性较强的花卉分割为多株，分离后的植株分别用水培方法栽植。吉祥草、银苞芋等都适用此方法分株水培。操作方法也比较简单，将选定的株丛清除泥土，理顺根系，显露出植株的连接部分，根据所需要株丛的大小，用快刀将其分割为多丛或多株，每丛植株都要保留较完整的根（尽量少伤根系），尔后用水培方法分别栽植。水培的方法可参照洗根法进行，如图 3-7 所示。

图 3-7　分株法操作示意图

四、剥取蘖芽法

剥取植株的蘖芽作水培栽植，既简单又容易成活，不受季节限制，取材也很方便。只要莳养有生长蘖芽的花卉，如君子兰、凤梨等，挑选蘖芽较大，已成形的植株，除掉上部土壤，露出与母株相连部位，用手或刀具把蘖芽剥离母株（保护好蘖芽的根），将其根部洗净，用海绵裹住蘖芽的茎基部固定在容器的上口，调整至根尖触及水面，或略微伸至水面以下，5～7 天换一次自来水。一般 20～25 天君子兰的假鳞茎下端、凤梨的叶丛基部能长出新根，可以确认为该水培花卉基本成功，继续养护 5 天，根长到一定长度，用水培营养液栽植。

五、摘取走茎小株法

在些花卉在生长过程中长出走茎，走茎上长有一株或多株小植株，如吊兰、虎耳草等都有这种生物特性，利用花卉的这一特点，摘取成形的小株用水培栽植。小植株上大多带有少量发育完整的根，摘取后直接用小口径的器皿水培栽植。

使用的器皿口径不可过大，以能支撑住植株的下部叶片为宜，防止整株跌落到器皿里。注入器皿里的水达到根尖端即可，不得没过根的上端。7～10 天换一次自来水。当小植株的根向水里生长延伸至 10cm 左右时，用水培营养液栽植。

3.4.4　花卉水培的关键技术

花卉水培是否能够成功，最关键的一条措施就是换水。首先，花卉的根系在生长过程中进行呼吸作用，要不断地消耗水中的氧气，水中的氧气就会随着花卉的生长而日渐减少，当减少到一定数量时，即会对花卉的生长产生影响。其次，花卉的根系在生长过程中会产生粘液，粘液多时，会影响水质。再次，花卉水培时，要在水中加入一定数量的营养液，加入的营养元素除一部分被花卉吸收外，其余的都残留在水中，时间一长，当残留物质达到一定数量时，也会对花卉产生危害。所以必须对水培花卉进行定期换水。

水培花卉的换水间隔时间与以下因素有关：

一、气温

水中的溶氧量与气温的高低呈反比例的关系，即气温越高、水温越高，植物的呼吸作用越微弱，消耗水中的溶氧量也就越少。同时，气温高时，微生物繁殖迅速，容易引起水质的变劣。所以，气温高时，换水宜勤，气温低时，换水间隔时间则可长些。

二、花卉的生长势

花卉植株生长强健正常的，换水间隔时间可长些。花卉生长不良的，换水则应勤些。特别在高温或因施肥过浓而使植株产生烂根时，除需及时剪去烂根外，还要天天换水，直至植株恢复正常生长而萌发新根后，才能转入正常的养护。

三、花卉种类

有些花卉比较适应水培的条件，有些花卉的根系比较特殊，如棕竹的根系比较坚硬，不容易腐烂，这些水培花卉的换水时间可适当长些。对于不十分适应水培条件的花卉种类，则应增加换水次数。对于生长正常的花卉植株来说，一般夏季约 5～7 天换一次水；春秋季约 7～10 天换一次；冬季的换水时间可长些，约 10～15 天。但如许可的话，间隔时间短些，则对花卉的生长更为有利。

水培花卉换水用微酸性、无污染的水最为恰当,也可用已放置一天跑掉氯水的自来水,其他水,如矿泉水、雨水、雪水、河水都因有细菌污染或过分纯净而不能作水栽植物的用水,凉开水因被煮沸已缺氧,也不宜作水栽植物用水。

3.4.5 水培花卉的注意事项

叶黄、落叶、烂根是水栽植物经常出现的问题,这是由于盆栽环境一下子转移到光线明亮的地方或加尿素等因素造成的。所以移栽后要逐步见光,或初期放在暗处,10 天后再移到有光处。切忌在水栽时加尿素等肥料,以防浓度过大而受伤害。

叶尖焦、叶边焦是水栽植物放在空气太干燥处没进行喷水而引起的病症,所以要保持水栽植物的空气温度,防止叶尖焦、边焦等现象出现。

3.4.6 水培花卉的组合栽培

将两种以上不同种类的花卉经过巧妙的构思、合理的配置水培于同一器皿中,谓之组合栽培,可发挥水培花卉最佳的装饰性,提升视觉效果。水培花卉组合栽植种类宜少忌多,以 2 ~3 种为宜,能体现植株间疏密的变化,线条的清晰明快,种类过多则显得拥阻杂乱。

植株的搭配要层次分明,上下呼应,错落有致,均衡协调,尽可能做到舒展大气,富有情趣。

水培花卉组合栽培既要使每一种花卉的形态、色彩、质感得到充分展示,又要和谐一致,体现整体的韵味和美感。

还可以将形态和叶色各异的花卉,分别置于形状相同,但规格不同、高低不等的器皿中水培,以阶梯形、不等边三角形格式摆设,组成一组,形成前后有序、高低错落、和谐统一的布局,可以得到意境深遂、回归自然的艺术效果。

3.5 插花装饰技艺

3.5.1 插花的含义

一、插花的基本概念

插花就是将具有观赏价值的植物花、枝、叶、果等材料,经过一定的技术处理和艺术加工插入容器中,组合成精美的、具有立体造型艺术的花卉装饰品。插花的制作过程称为插花的创作。插花艺术是融植物学、美学、文学、几何等学科为一体的造型艺术。

由于插花在人们的日常生活中应用十分广泛,因此人们对插花艺术的理解也不尽相同。从插花艺术的范畴而言有广义和狭义之分。狭义的插花艺术仅指以植物材料制作的摆设花；而广义的插花艺术除了植物材料以外，还包括利用人造花及非植物类的装饰品制作的插花。当然，无论广义还是狭义的插花艺术，都应包括以下的构成要素：

(1) 花材。这是完成插花艺术创作的首要条件，包括一切具有观赏价值的花、枝、叶、果、根等植物器官。

(2) 器皿。用于盛放、支撑和固定保养花材，是插花艺术造型中重要的组成部分。

(3) 技术。在插花艺术创作过程中，必须对切花材料进行技术加工，包括修剪、整形、弯曲、造型等，使花材更符合构图造型的要求。

此外，插花艺术中也缺少不了人的因素，上述三种基本要素只有通过人进行艺术加工，才能产生富有诗意的插花艺术作品。

二、插花艺术的特点

插花与雕塑、盆景、园林、建筑等一样，均属于造型艺术的范畴，但是插花作为一门独特的艺术门类具有如下特点：

1. 插花作品具有生命力

插花作品融自然花材的绚丽色彩、婀娜多姿、芬芳而清新的大自然气息于优美的造型中，能使观赏者领略到生机勃勃的大自然之美。插花艺术作品具有生命力，因而有别于其他工艺品。当然，插花作品的这一最大特点并不排斥在插花创作中使用一些非植物性材料作为陪衬。

2. 插花作品具有很强的装饰效果

插花作品集众花之美而造型，如能因环境而陈设、使用，则更具有较强的艺术感染力，对于装饰环境和人的仪容具有画龙点睛的效果。

3. 创作性强，具有新鲜感

由于插花作品所采用的花材不带根系，水养时间短的仅数日，长的也不超过 1 个月，因此，插花作品需要经常更新。而自然界植物种类繁多，其品种特性、气质各异，并且随着季节变化而展现出不同的姿容，这自然造化使插花作品不会有简单的重复，给插花者提供了极其广阔的创作天地。在插花者看来，每次插花都能诱发无穷的构思，并能感受到创作的喜悦。

4. 制作方便，人人可为

插花所使用的花材，其品种多种多样，档次可高可低，可随场合和需要而选用。高档的百合、鹤望兰、红掌、切花月季固然很美，而河畔的芦花、路边的野菊、林下的蕨叶、草丛中的一枝黄花、田间的狗尾草和向日葵等都是很好的插花素材，芹菜、辣椒、豆角、萝卜及各种水果也常作为家庭和饭店插花的好材料。因此，插花材料在日常生活中极易得到，插花所使用的工具和器皿也较简单。插花作品可大可小，其造型和构思可繁可简，创作插花所使用的技术也不复杂，因此人们在日常生活和工作中都可制作插花作品。

3.5.2　插花常用的花卉材料

一件完善的插花作品主要由花材、构图造型及其艺术价值三部分构成，而其中花材的选择与应用是基础。在此将介绍花材的选择和常用的切花材料。

一、花材

在进行插花创作之前，首先要准备适当的花材。在选择和具体选购过程中，必须全面进行考虑。

1. 花材的选择

挑选花材就意味着插花创作的开始,也就是立意和构思的艺术创作过程。因而,切忌随便拿几枝花材就插,必须要综合各方面的因素,经深思熟虑后才开始插花创作。花材的选择有以下几条基本原则:

(1) 根据插花的目的和用途进行选择。插花创作首先必须明确作品的目的和用途(即创作的主题思想),并据此选择适当的花材,以正确表达创作者的意图。例如,礼仪插花的主要目的是增进友谊,表达尊敬、喜庆等气氛,因而要求造型整齐简洁,花色鲜丽明快,花材较多,体形较大,插作繁密,因此,要选择花形较为规整的花材,不宜过于硕大、粗厚,也不宜过分碎小。一般来说,不宜采用有异味、有毒或污染环境的花材。如万寿菊花色明亮,但有异味,一般不宜采用;天南星科及大戟科的一些植物具有毒汁,不宜作为制作捧花或头花的材料;百合花药大、花粉多,易使衣物和插花沾染上颜色影响作品的整体效果,必须在花药成熟散粉之前摘除花药。

在实际选择过程中,还应该考虑插花与环境和谐等方面的因素,选择能与之相配衬的花材。例如,居室插花应根据居室的大小、方向、墙体的颜色、家具的式样等来正确选择插花材料。如果房间的装饰是浅色调的,并且北向,光线较暗,则可以选用粉白或白色的月季、唐菖蒲为主调,以少量的红色月季和香石竹作陪衬,再配上一些白色的满天星,会使人有宽敞、宁静和温馨之感。如果房间的色调是深色的,则应选择冷色调的花材为主,可以紫色的唐菖蒲、小苍兰、月季为主调,配以白色的香石竹、满天星等花材,可消除压抑感,充满浪漫情调。

假如客厅的家具是西式的,应选用月季、菊花、香石竹、唐菖蒲等鲜艳明快的花材,制作图案式插花,使客厅的装饰与插花相协调;相反,如果客厅的家具是中国古典式的,则应选择白玉兰、梅花等花材,制作出自然式的插花作品。

书房应是清静、雅致的地方,花材可选用浅色的百合、月季、兰花为主调,以小型的香石竹、菊花、紫罗兰、水仙为陪衬,再点缀以天门冬、文竹、满天星等花材。

酒店的总服务台,一般装修比较豪华气派,金碧辉煌,在花材的选择时,应选择香石竹、月季、菊花、唐菖蒲等花大色艳的花材为主调,以蓬莱松、满天星等为陪衬,制作出西方式插花,起到强烈的装饰效果。

节庆假日插花,花材的选择应考虑与节日气氛或节日主题协调一致。春节插花花材要色彩鲜艳,一般以红色花材为主,再配以绿色或黄色的花材;情人节的插花可以蓝紫色为基调,以红色为主调,以“勿忘我”等小花材为陪衬;其他一些节日,如母亲节可选用香石竹,儿童节可选用非洲菊、唐菖蒲等,国庆节可选用万年青叶、非洲菊等花材。

(2) 根据季节进行选择。由于季节变化,植物的生长、开花、结果的时间各不相同,配合季节及植物季相景观,选择时令花材进行插花创作,可使观赏者充分感受到大自然生命的韵律,享受大自然的清新。

春天万物复苏、百花竞放,可以选用各种嫩绿的幼叶、幼芽以及盛放的鲜花(如梅花、丁香、桃花、连翘、银柳等),以展现大自然无穷的生机和活力。

初夏百花争艳,应选择色彩艳丽的花卉,如大丽花、芍药、鸡冠花等。

盛夏炎热,一般人不喜欢浓艳的色调,而绿叶、浓荫、清水会给人以清爽、凉快的感觉,因此，宜选用绿叶、水生植物及清淡素雅的花朵进行插花。如在盛水的浅盘中插上白色的姜花或淡红色的莲花，浮上几片睡莲叶，既清新又宁静。

金色的秋天是收获的季节，可选择素淡幽香的花材，如飘香的桂花、傲霜的菊花、金黄的秋叶、累累的红果。

冬季寒气逼人，万木凋零，选用色彩鲜艳、香味浓郁的花材（如菊花、腊梅等），可以创造出温暖、欢乐的气氛。

(3) 根据花语和用花习俗进行选择。花语就是花的语言，即对各种花卉赋予思想情感的寓意。不同地区和民族，因文化传统、宗教、习俗等的不同，给花赋予了不同的寓意。因此，创作礼仪插花作品及赠送鲜花时，一定要正确理解花语，并根据花语选用适当的花材。如果弄错，则可能闹出笑话，甚至造成别人误解，影响朋友之间的感情。对于艺术插花，依据花语选用花材，可以展现插花作品承日月之精华、聚天地之灵异的意趣和神韵。

(4) 根据个人的喜好与创作风格进行选择。对花的喜爱常因人而异，不同国家与民族对花也常会有不同的偏爱。例如，东方式插花常选择富有象征意义的植物（如梅、兰、竹、玉兰、海棠、牡丹、松、柏等）。但是，根据个人喜好及创作风格选择花材时，切忌以花的寓意强求之，这样会束缚自己的创作思维，甚至影响插花作品的构图和意境。

在充分考虑上述问题后，插花爱好者可根据立意构思，首先确定主花材，然后选择与之相配的辅助花材。

2. 花材的选购

为了使插花作品有较长的欣赏时间，插花爱好者在确定花材后，还要注意选择新鲜的花材进行插花创作。在选购时应注意如下事项：

(1) 看花材的切口。花材的切口要新鲜，切口变色以及发粘或是拖拉水丝甚至已有臭味的花材，就不要购买。

(2) 看花的枝茎。新鲜的花材，花茎挺拔有力，用手捏有弹性感；劣质的花材，花茎细软无力，坚挺不足。必要时，可拆开鲜花的包装材料，仔细观察枝叶的新鲜程度，特别在选购经过冷藏的鲜花时，更要注意枝叶有无病斑。

(3) 看叶片和花朵。叶片以翠绿色为好。对于花茎顶端单生的花材（如牡丹、月季、香石竹等）和头状花序（如菊花）的花材，以整朵花开放 1/3 为理想，这样的花插后逐渐开放，可获得良好的观赏效果。盛开的花材，稍一摇动，花瓣就会掉落，这样的花材不耐插。有的花材花瓣松散，或外层花瓣软垂，这是“陈花”的表现，不耐插。

对于一茎多花的花材（如剑兰、金鱼草等），则以下部一二朵花刚开放 3/5、部分花开放 1/2，而上部花苞待放者为最理想。如只有下部的花盛开，其余都没有开放，说明花材在贮藏时已受冻害，不能正常开花；如同一花茎上大部分花已盛开，则是过于开放的鲜花，不耐插。

(4) 选购未多次剪切过的花材。最好选购那些没有多次剪切过的长枝条，带回家后按适当方法剪切保鲜。经过多次剪切的花材一是不够新鲜，落败得快；二是不利于保鲜。

此外，从市场购买的花材要注意妥善包扎，最好用脱脂棉或草纸将花枝根部包紧，然后加水，将根部装入塑料小袋中，用橡皮筋扎口，然后用报纸或有色纸将整个花材小心包严，避免受风。搬运时包裹花材的纸包要横放，花头朝下。要注意花朵外露易受风，用透明塑料纸包花，易使阳光透入而对花造成伤害，这些都不利于花材的保鲜，从而缩短观赏时间。

二、常用切花材料

在自然界中，可以用作插花的材料十分丰富，在此我们所要介绍的主要是指在插花中经常使用的一些野生或者通过人工引种、驯化栽培后形成批量生产的商品植物切花材料。

常用花材包括以下几种类型：线状花材、团块状花材、散状花材、特殊形花材以及衬叶等。

在选择花材时，不仅要熟悉各种花材的生物学特性，更要知道各种花材在插花中的含义（花语），但必须指出，不同国家、不同地区、不同宗教信仰对同一种花卉的理解不尽相同。下列各种花卉名称后面列出了该种花卉的主要花语，供学习时参考。

1. 线状花材

线状花材是指外形呈长条形或线状的一些花材，如枝干呈长条形的银柳、竹、迎春等；花序为长条形的蛇鞭菊、唐菖蒲、金鱼草等。线状花材有的刚直挺拔，具有旺盛的生命力；有的虬曲摇曳，颇具优雅之美态。在插花中，线状花材具有重要的骨架作用，是决定作品比例、高度的主要花材，尤其在现代写意式插花中，常对意境的体现起着重要作用。

（1）银柳——吉祥如意、财运亨通。银柳，枝干挺拔，观芽为主，花芽秀雅奇特，每年初冬逐渐脱去棕色芽衣，然后露出银白色花苞，像毛笔头那样，洁白如玉，银光闪烁。春节过后绒芽抽长，随即先叶开花，像一朵朵翠绿的绒球，散发出阵阵清香。银柳在上海地区栽培较多，一般在每年的11月底12月初采收上市。在广州、香港地区及部分东南亚国家，因为银柳与“银楼”谐音，因而这些地区的市民常常在圣诞节和农历春节前后家家户户都插银柳，以期望来年吉祥财旺。

（2）白玉兰——纯洁高雅。白玉兰又叫玉兰，上海市市花，是名贵的庭园观花树种，花大而香，早春先叶开放，洁白如玉，香气似兰，秀丽高雅；每枝一花，生于顶端，千枝万蕊，莹洁清丽，盛开时如雪山琼岛，蔚为壮观，居庭园名花八品中的第一位。它树枝疏露，冬季满是花蕾的枝条是插花的好材料。它的变种紫玉兰，也具有同样的观赏效果。

（3）火棘——喜庆、丰收。火棘枝繁叶茂，叶绿、花白、果红，是园林布置中一种重要的观果植物。入秋时节，其果实鲜红，成串生长，压弯枝梢，密密层层，艳丽夺目，成片生长，景致更为壮观。挂果期可到次年三月，硕果累累，常用于创造秋景题材的作品。

（4）梅花——坚贞、高洁。梅花原产我国，是我国著名的花卉之一，已有近4 000年的栽培历史。梅花枝干苍劲，风姿高雅，暗香清幽。在冰中育蕾，在雪中开花，不畏严寒，独步早春，是刚强意志和崇高品格的象征，常常把它看做高洁坚贞的化身。人们对梅花的评价是极高的，它与松、竹合称为“岁寒三友”，与兰、竹、菊合称为“四君子”。古人说，梅具四德：初生蕊为元，开花为亨，结子为利，成熟为贞。又说梅花五个花瓣是五福的象征：一是快乐，二是幸运，三是长寿，四是顺利，五是和平。品梅、赏梅一般注重于姿、色、韵。自古赏梅诀窍有“三美”、“四贵”：即以曲为美，直而无姿；以欹为美，正则无景；以疏为美，密则无态。贵稀不贵密，贵老不贵嫩，贵瘦不贵肥，贵含不贵开。早春时节，含苞欲放的花枝是插花的理想材料。

（5）常春藤——健康长寿。常春藤为常绿藤本植物，蔓长可达30m左右，叶呈三角形，革质，叶面绿色或具黄色斑纹，四季常青。若吊挂或高置，枝条下垂散展，飘飘逸逸，别有情趣。因其枝叶稠密，藤蔓柔软，在插花中常用于插下垂状、悬崖式作品。

（6）蜡梅——慈爱。蜡梅也称腊梅，盛开于朔风凛冽、天寒地冻之际。它横枝碧玉，蕾破金黄，清香四溢，独占鳌头。蜡梅花在岁尾冲寒而开，古人由此称之为“寒客”，它与南天竹倾盖相交，称为“岁寒二友”，黄花红果，相得益彰。蜡梅花开，经久不凋，其花枝是插花的上等材料，春节期间插于室内，满室飘香，可为严寒的冬天带来浓浓的春意。

(7) 杜鹃——无私、忠诚。杜鹃花又名映山红，是我国传统的十大名花之一，享有“花中西施”的美誉。古代杜鹃泣血的传说更为她披上了一层神秘的面纱，使杜鹃花成为思乡、清白、无私、忠诚的象征。每当仲春时节，江南草长，莺唤鹃啼之际，正是杜鹃花盛开之时，一眼望去，满山怒放，花团锦簇，花色如艳，烂漫如锦，富有诗情画意。古诗云：“杜鹃花与鸟，怨艳两何赊，疑是口中血，滴成枝上花。”花虽经风雨，仍灼灼可爱，叶虽经霜雪，犹苍翠独茂。因而，杜鹃花是一种观赏价值极高的名花。

(8) 山茶——吉祥，不变的誓言。山茶花是我国传统的名花，它树枝优美，四季常绿，苍翠欲滴，花瓣敦厚，色彩娇艳，花姿绰约，水养持久。它耐寒开放，仲夏方谢，与迎春、梅花、水仙一起称为“雪中四友”。山茶花盛开之时，给人以无限的生机和盎然的春意。在我国，山茶花还象征着战斗的精神。山茶花的品种有几千种，唯广西的金茶花为世上珍品。

(9) 竹——高风亮节、刚直不阿。竹子耸拔挺立，风姿潇洒，青翠高雅，茎叶婆娑。它不畏风霜雨雪，始终绿叶凄凄，翠�浮浮，虚心直立，深得历代文人雅士的喜爱。我国自古就有画竹、颂竹的风俗，把它看成是刚直不阿、高风亮节、虚心、坚定的象征。竹子也寓意平安，在插花中与牡丹相配，表示“富贵平安”；与松枝、水仙组合，表示“丰年献瑞”；松、竹、梅合称“三君子”，松示坚贞，竹示潇洒，梅示孤高。

(10) 松——延年益寿。松的品种很多，不同的品种具有不同的艺术欣赏价值。五针松株型端庄，虬枝苍劲，针叶葱绿，细长平展，经严寒而不萎，遇霜雪而不凋，巍然屹立，是高尚坚强品格的象征。罗汉松姿态婆娑，苍绿馥郁，四季不凋。雪松主干耸直，侧枝平展，树冠塔形，姿态甚美。松树岁寒不凋，迎风傲雪，给人以高洁坚强的感觉。四季常青的松树，寓意吉祥、长寿。在插花中与鹤望兰组合，表示“松鹤延年”，寓意“老骥伏枥，志在千里”。

(11) 唐菖蒲——步步高升。唐菖蒲又名菖兰、剑兰，叶形似剑，花梗挺拔修长，花形多姿，花色娇艳，花序上整齐排列着 8 ~ 12 朵花，花蕾会自下而上陆续开放，是世界四大著名鲜切花之一，是祝贺升职、探亲访友的理想鲜切花。

2. 团块状花材

团块状花材是指单朵或整个花序呈较整齐的圆团状或块状的花材，如月季、康乃馨、菊花、扶郎、牡丹、郁金香、向日葵、鸡冠花等。这些花材一般花形较大，色彩艳丽，是插花构图的主要花材，在插花骨架轴线范围内作重点花使用。当然，也可根据不同的造型需要，单独作焦点花使用，以突出作品的主题。

(1) 牡丹——富贵。牡丹花是我国传统的名花之一，享有“花中之王”、“国色天香”的美誉。它暮春盛开，雍容华贵，艳丽甲天下，花色丰富多彩，叶色深紫嫩绿，芳姿艳质，超逸群芳。民间常切取花枝水养瓶插，花期甚长。在插花中，与玉兰、海棠相配置，寓意“玉棠富贵”。牡丹花是喜庆、富贵、昌盛的象征。当然，不同的花色品种，含义不尽相同，红色牡丹表示我将珍惜你的爱；粉色牡丹表示相信我吧；白色牡丹表示珍重你自己。

(2) 菊花——高洁、长寿。菊花是我国的传统名花，它品种繁多，花色丰富，花型各异，千姿百态，美不胜收。她盛开于万花纷谢之时，虽经风霜而不凋。有诗云：“宁可枝头抱香死，何曾顺路北风中。”赞誉了菊花不屈不挠、耐寒傲霜的品格和顽强的生命力，因而享有“花中隐士”的称号。在插花中菊花常与火棘果、芦花等组合展示秋景；与梅、兰、竹相配，制作传统的文人插花。现代生活中，白菊和黄菊经常在祭祀丧葬场合使用，因而在喜庆迎送的馈赠中忌讳使用菊花。随着栽培设施和技术水平的不断发展，作为四大鲜切花之一的菊花，已经能够周年生产供应。

(3) 月季——纯洁的爱、真挚的情谊。月季，因其花期较长，“四季花不谢”、“红色逐月开”，故又名长春花、月月红。其花色艳丽多彩，具有各种单色及复色的品种，且适应性强，又耐寒，故历来广受人们的喜爱，也是我国传统的十大名花之一。在花卉市场上，月季、玫瑰统称为玫瑰。月季有“花中皇后”的美誉，象征着爱情和真挚的情谊。因此，月季在各种礼仪场合是最常用、最受欢迎的大众花卉。当然，不同的花色、支数有其不同的含义。红色月季(或玫瑰)表示纯洁的爱、热恋或热情可嘉、贞节等。人们都把她作为爱情的信物、爱的代名词，是每年2月14日情人节的首选花卉。白色月季表示尊敬和崇高。在日本，白玫瑰(月季)象征父爱，是父亲节的主要用花；粉红月季表示初恋、浪漫；黑色月季(实际为紫红色)表示有个性和创意；蓝紫色月季表示珍贵、珍稀；橙黄色月季表示爱慕和真心；橙红色月季表示富有青春气息、美丽；黄色月季表示道歉和爱的拒绝；绿白色月季表示纯真、俭朴和赤子之心；双色月季表示矛盾或兴趣较多；三色月季表示博学多才、深情。在赠送玫瑰(月季)时，通常送一支表示情有独钟之意；送三支表示我爱你；送十一支表示一心一意地爱你；送十二支代表一年中十二个月，有年年月月献爱心、追求圆满之意。

(4) 康乃馨——母爱。康乃馨俗称香石竹，是世界著名的切花之一，也是目前国内栽培面积最多、产量最高、消费量最大的切花品种。康乃馨是一种常用的插花材料，其花形俏丽，花色极其丰富，有各种单色及复色，一年四季都可开花，其自然花期为5～10月。康乃馨是著名的母亲节之花，它层层叠叠的花瓣，如母亲对子女绵绵不绝的关怀与爱护，是慈祥、温馨、不求代价的母爱象征。每年母亲节，子女们送一束康乃馨给母亲，以表示对母亲的爱与尊敬。不同的花色具有不同的含义：深红色的康乃馨表示热烈的爱；粉红色的康乃馨表示我热爱你；白色的康乃馨表示纯洁的爱情和真挚的友谊；黄色的康乃馨表示希望发展友谊；复色带斑纹的康乃馨表示拒绝爱情。

(5) 非洲菊——幸福和睦。非洲菊又名扶郎花，系多年生草本花卉，花茎挺直而长，花形似灯盏，花瓣呈放射状，花色多样，艳丽高雅，给人以恬淡宁静之感。在结婚庆典上，用扶郎花扎制新娘捧花或布置新房，具有扶助新郎、互敬互爱、支持郎君成就事业的寓意。

(6) 百合——吉祥如意、百年好合。百合属多年生鳞茎类切花，是世界著名的切花之一。它姿形优美、花色秀艳、亭亭玉立、花香馥郁，深受人们的喜爱。在我国百合花象征吉祥、百事如意，因“百合”寓意“百年好合”，故百合通常在制作新娘手花时使用，突出新娘的高贵与婚姻的美满。在西方，百合花是圣洁的象征。当然，百合花的不同花色有其不同的花语。白色的百合花代表纯洁；黄色的百合花代表虚伪；山百合(天香百合)代表庄严；麝香百合(铁炮百合)代表淑女；鹿子百合代表轻率。在现代插花创作和馈赠礼仪中，对花色的寓意虽不很讲究，但也须注意花色的协调。

(7) 郁金香——神圣、幸福和胜利。郁金香是一种多年生的鳞茎类花卉，其花顶生呈酒杯状，甚为美观，惹人喜爱；花色丰富，色彩艳丽，高雅端庄，是神圣、幸福与胜利的象征。荷兰人酷爱郁金香，是荷兰的国花。郁金香不同的花色代表了不同的含义。红色的郁金香表示我爱你，在欧洲，恋人之间常送一束红郁金香来表达深深的爱恋；紫色的郁金香表示忠贞的爱；黄色的郁金香表示没有希望的恋情；白色的郁金香表示早些魄归天国或失恋。目前，市场上以红黄复色的品种最为畅销。

(8) 向日葵——坚定、正气。向日葵属一年生草本植物，其头状花序的外层花花冠呈金黄色（称为舌状花），中间的花瓣为紫褐色（称为管状花）。当今作为切花栽培的主要是株高 70 ~ 90cm 的矮生重瓣品种。向日葵的最大特点是它的花盘（即花序）始终朝着太阳转动，象征着一身浩然正气、铮铮铁骨、守节如一。因此自古以来人们常常以此比喻爱国赤诚的精神。

(9) 兰花——真诚、美好。兰花是中国传统的名花，纯正质朴，雅洁婀娜，幽香清远，似美人梳妆，又如君子吟诗，摇曳生姿，清芳高洁。兰花不娇不媚，气质超凡脱俗，深受人们的喜爱，是真诚和美好的象征。在现代插花中，使用最多的是一种俗称“洋兰”的石斛兰，它花姿优美，花色艳丽，花期较长。它与卡特兰、蝴蝶兰、万带兰并列为观赏价值最高的四大观赏兰花。

(10) 马蹄莲——永结同心、吉祥、圣洁。马蹄莲是冬、春季最主要的切花材料。它的叶片翠绿、花枝挺拔雅致，喇叭状大花苞洁白如玉，中央的肉穗花序象征着永结同心、吉祥如意、圣洁虔诚，给人以美好、幸福与喜悦的感觉，是喜庆花篮、花束及艺术插花的主要切花。在欧美国家的婚礼中，马蹄莲是新娘捧花的常用花材。马蹄莲的花色除了常见的白色品种外，还有黄花、红花及复色品种。

(11) 绣球花。绣球花又名八仙花，是长江流域著名的园林观赏植物。其花期长，从初夏到仲秋花开不绝，花大色美，花序大如球形，盛开时如同雪花压枝，妩媚动人，别具风韵。绣球花的花色一般随栽培土壤的酸碱度变化而改变，酸性较强时，蓝色较深；碱性较强时由蓝色变成粉红色。由于绣球花的花序较大，在插花创作中宜配制在较庞大的作品中。在西方国家，绣球花象征悲哀，只能用于丧葬活动。

(12) 一品红——普天同庆、共祝新生。一品红又名圣诞花、象牙红，其叶碧绿，苞片火红，鲜艳夺目。严寒冬季百花凋谢，一品红却以其艳丽的色泽、壮观的花序为生活增添热烈欢乐的气氛，也是西方圣诞节上必不可少的应时花卉。我国民间以盆栽一品红赠送给老人，以示“老当益壮，返老还童”，也有“热诚不灭”的意思，赠一品红花枝还有“红得耐久”之意。一品红的苞片颜色不同，其含义亦各不相同。鲜红色苞片表示喜气洋洋，对人热情，胸怀大志，性格外向；粉红色苞片，表示专一而有艺术品味，有崇高理想，易于接近；白色苞片表示圣洁，有志气，有清新气质，不随波逐流；浅红色苞片表示祈求温情；淡黄色苞片表示难得的友谊。

3. 散状花材

散状花材一般指那些由许多简单的小花朵构成整个花序的花材。散状花材通常花小而繁多，呈星点状分布，似轻纱，如云雾，如霞草、补血草、各种小菊花等。散状花材常插在主要花材的空隙或表面，起填充或烘托作用，以增加插花作品的层次感和美感。

(1) 霞草——清纯、思念。霞草学名丝石竹，俗称满天星，是目前插花中使用最多的切花之一。满天星的茎枝纤细，分枝繁茂，富立体感，无数小花着生在众多纤细的小枝上，似繁星点点，远看若烟霞云雾，清幽高雅，柔美秀丽。满天星最适宜与康乃馨、月季、非洲菊、菊花等相配，既不失其气质，又显示出自身的清雅与可爱，轻盈蓬松，鲜艳俊秀，充满诗情画意，给人以美感。满天星与不同的主花相配，具有不同的含义。配衬月季（或玫瑰）表示情有独钟；配衬康乃馨表示慈爱与温馨；配衬兰花表示虔诚；配衬菊花表示坚韧和有耐力征服困难；配衬黄百合表示心里的热忱；配衬红鹤芋（红掌）表示热情相同；配衬马蹄莲表示清秀脱俗、不同凡响；配衬补血草表示怀念与友谊长存。

（2）小菊。小菊是菊花中多头小花型品种的通称，在现代切花生产中常称为多头菊。小菊的单支切花一般有数朵至数十朵的小花，花色有单色及复色。由于小菊的花朵小巧玲珑，因而在插花中常作陪衬花材使用。

（3）补血草——浓情厚意。补血草俗称勿忘我，是多年生或二年生草本花卉。补血草的花序呈伞房状，花姿不凋，花色持久，具有永恒的含义，为花中情种，寓意友谊万岁、浓情厚意，是爱情的信物，深得情侣们钟爱。补血草的花色很多，有紫色、淡紫色、玫瑰粉、蓝色、红色、白色、黄色等。与补血草相近似的另一类称为杂种补血草，俗称情人草。与补血草比较，情人草的株型更大，分枝更多，花朵更细小，在现代插花中已广泛使用。

4. 特殊形花材

特殊形花材一般都具有独特的形态，特别引人注目，如花形不规整，结构独特别致，在插花构图时常作为焦点花使用。由于这些特殊形花材具有独立观赏价值，因而在作品布局上常插制在上部、左右等空间较大的位置，并与其他花材保持一定的空间距离，更能突出特殊形花材在作品中的主导作用。

（1）鹤望兰——吉祥幸福、快乐自由。鹤望兰是一种名贵的观赏植物，俗称天堂鸟、极乐鸟。鹤望兰姿态优美、花叶兼赏、花形独特，宛若仙鹤翘首远望，又似鸟儿展翅高飞，象征着吉祥、幸福、快乐与自由。在插花中常作为焦点花使用，若与松枝组合表示松鹤延年、健康长寿。

（2）红鹤芋（红掌）（图 3-8）——热情、热心和热血。红鹤芋俗称红掌、火鹤，是多年生常绿草本植物。其佛焰苞直立开展，具蜡质光亮，鲜艳夺目，是一种高档名贵的切花品种。红鹤芋象征热情、热心和热血以及高傲潇洒、永远有希望。在我国，每逢喜庆佳节，人们喜欢用红掌相赠，寓意大吉大利，表达庆贺之意。送三支红掌表示三三不尽，送六支表示六六大顺，送九支表示长长久久。红鹤芋除了红色的红掌外，还有白掌、粉掌、绿掌等栽培品种。

图 3-8　红鹤芋

5. 主要衬叶

前面已经介绍了一些常用的切花品种，但在插花中往往需要一些绿叶作陪衬。这些起陪衬作用的绿叶称之为衬叶或切叶。目前最为常见而且能够普遍栽培的切叶有文竹、苏铁、天门冬、蕨类、龟背竹等。这些切叶植物大部分属于常绿耐阴的观叶植物，其中有些品种已经作为切叶栽培，批量或周年生产供应花卉市场。

(1) 苏铁。苏铁又名铁树，是一种名贵的盆栽观赏植物。其大型羽状复叶形状规则，质地坚挺，浓绿而有光泽，四季常绿，水养持久，将其弯曲或修剪造型，以表现凤尾姿态或呈各种图案花纹，是插花中常用的衬叶材料。

(2) 棕竹。棕竹为常绿灌木，常作盆栽观赏，其株形紧凑繁茂，四季葱绿。其掌状复叶色泽亮绿，油碧生辉，叶形似棕榈，但比棕榈叶小，非常秀丽美观，是插花中很好的背景材料。

(3) 天门冬。天门冬俗称武竹、郁景山草，属多年生草本植物。其茎叶蔓生悬垂，秀逸潇洒，夏季开淡红色小花，花后结出红色浆果，状如珊瑚珠，色泽鲜艳，非常美丽，是目前切叶栽培中最常见的切叶之一，也是插花中常见的切叶品种。

(4) 桃叶珊瑚。桃叶珊瑚属常绿灌木，叶片草质，长椭圆形，叶色暗绿，有光泽，浆果成熟时鲜红色，甚为美观。其变种洒金桃叶珊瑚，简称洒金珊瑚，是插花中常用的衬叶材料。其叶面染有点点黄斑，酷似洒金，常作为庭院植物或盆栽观赏，是观叶观果俱佳的观赏植物。

(5) 八角金盘。八角金盘，属常绿灌木，叶粗大革质，具光亮，长柄高挚，圆若金盘，叶面分裂，形似手掌伸展，婀娜可爱。叶丛四季青翠光亮，浓荫覆盖，幽然若画，入秋开出白色小花，花序呈伞房状，也是艺术插花的理想衬叶。

(6) 变叶木。变叶木又名洒金榕，属直立分枝灌木，是一种名贵的观叶植物。叶形因品种不同而形状各异，叶片革质，具光泽，叶色富于变化，有的黄底色上带绿色斑点，有的绿底色上带有黄色斑纹，有的主脉或支脉为红色或紫色，五彩斑斓，惹人喜爱。插花中使用变叶木，能增加色彩的装饰效果，充分渲染作品的主题氛围。

(7) 龟背竹。龟背竹属常绿大藤本，茎粗壮似竹节，生有许多气根似电线；叶大革质，深绿光亮，中间有圆形、长椭圆形至长条状不同的洞孔及羽裂，形似龟背。淡黄色佛焰苞大如灯罩，别具热带风趣。常盆栽室内观赏，是一种耐阴性较强的室内观赏植物。它是吉祥、长寿的象征。大型插花作品中常作为背景材料使用。

(8) 广东万年青。广东万年青是一种多年生的草本植物，具有竹节般的茎，肥大的翠叶，四季常绿，飘逸风趣，耐阴性强，水养持久；入秋开出佛焰花苞，果实殷红，经冬不凋。

(9) 肾蕨。肾蕨俗称野鸡毛草、排草、蜈蚣草，是一种多年生常绿蕨类植物。它丛生无主干，枝叶从根基处抽出，叶为羽状深裂，对称密生，似野鸡的尾羽，四季常青，碧绿而有光泽，姿态婆娑，四散飘逸，潇洒秀丽。常用作配叶修饰主枝或主花，有时也可用它来创造优美的线条。

(10) 散尾葵。散尾葵为丛生常绿灌木或小乔木。茎干光滑，黄绿色，无毛刺，嫩时披蜡粉，上有明显叶痕，呈环纹状。叶面滑细长，羽状复叶，全裂，长 40 ~ 150 cm，叶柄稍弯曲，先端柔软。常用作背景配叶。

(11) 鱼尾葵。鱼尾葵是棕榈科，属多年生常绿乔木。株高 50 ~ 200cm。茎干直立不分枝，叶大型，羽状全裂，酷似鱼尾，叶厚而硬，叶缘有不规则的锯齿。常用来作为背景铺垫或内部填充。

(12) 巴西木。巴西木原名香龙血树,原产于非洲和美洲的热带地区,为龙舌兰科、龙血树属多年生木本观叶植物。它的茎干粗而挺直,叶子簇生茎项,鲜艳的叶片呈宽带形,上部稍下弯,整个植株形态优美。巴西木在栽培过程中产生了自然变异,在叶片上出现条纹彩斑。有叶片具有数条黄色纵列斑纹的金心龙血树,有叶为深绿色与灰色横纹相间的虎斑龙血树,更有深绿杂以数条白色斑纹的银纹龙血树,等等。目前市场上常见的切叶是金边巴西木叶。

(13) 蓬莱松。蓬莱松又称武竹,为百合科天门冬属多年生观叶植物。蓬莱松植株直立,高 30 ~ 60cm,多年生常绿灌木。具小块根。有无数丛生茎,多分枝,灰白色,基部木质化,叶片状或刺状。新叶鲜绿色,老叶白粉状。叶状体扁线形,丛生,呈球形,着生于木质化分枝上,墨绿色。主要用来填充空隙,是常用切叶。

3.5.3 插花的工具、器皿

一、插花工具

对于插花者来说,一些基本的工具总是必备的,如剪刀、小刀、插花泥、花插(即剑山)、塑料水桶、喷水壶、铁丝、绿胶带等。大型的插花创作还可能需要配备锯、钉、木板、锒头、锤子等。这些工具种类不同,其各自的使用方法也不尽相同,下面我们分别加以分类介绍:

1. 修剪工具

剪刀、小刀、小锯是插花的修剪工具,而其中的剪刀又是必备的修剪工具,一般可根据需要准备几种型号。如修剪草本花材宜使用枝剪,切削插花泥和修剪木本花材的茎端可使用小刀。此外,小刀通常用于雕刻、去皮或者切削花朵。修剪较粗的木本花材时,可使用小锯。

2. 固定工具

插花常用的固定工具是插花泥和花座。花座是一种插花固定材料。花泥是由酚醛塑料发泡制成的,有较强的吸水性,并能蓄水,使用比较方便。它不但适合各种花器,而且可根据具体的需要随意切割,插花时花枝可从四面八方插入,但要注意,插花时不要用力挤压花泥,以免损坏其结构而影响固定效果,也不要把花材插入后拔起再插,以免花泥上留下许多洞孔,影响其他花枝的固定。因此,在插入花枝前,首先要确定好构图或花枝的长短,这是使用花泥进行插花创作时必须注意的要点。花泥原则上只使用一次,用过的花泥洞孔很多,再次使用时固定效果就比较差。

除了花插和花泥外,有时在创作窄口高瓶的花时,也用到插架这种固定工具。插架是用竹条或木条做成的十字形、井字形、Y 字形的架子,置于花瓶的瓶口,其作用是防止花枝歪斜。

3. 辅助工具

插花的辅助工具有塑料水桶、喷水壶、绿胶带、铁丝、钉书机等。塑料水桶主要用于临时盛放或水养鲜切花。喷水壶或者喷雾器,主要用于花朵和叶面的喷水,防止花朵枝叶水分的过多蒸发,以保持插花作品中花朵枝叶的新鲜,延长观赏期。铁丝一般使用规格为 20 ~ 22 号,主要用于整枝、弯曲造型等;有时插花作品创作过程中的一些特殊枝叶也常使用铁丝。

绿胶带常与铁丝配合使用,用于包贴花枝、花朵等表面处理。钉书机主要用于对枝叶弯曲造型以后的固定处理,以及对花束配饰的蝴蝶结的固定等。

二、插花器皿

插花器皿又称花器,我国古代还称其为“大地”、“金屋”。花器不但能盛放、支撑和保养花材,而且它和花材一样,是作品构图中的主要素材之一,也是插花创作过程中不可缺少的一部分。供插花使用的器皿种类繁多,除常见的瓶、罐、钵、盆之外,还有日常生活中常用的碗、碟、杯子、茶具及各种能盛水的工艺制品等。

1. 插花器皿的种类

(1) 按器皿的形状分类。根据插花器皿的口径大小以及高度外形的特征不同,我们可以将其粗略地分为瓶类、盆类、篮类等。

① 瓶类器皿。瓶类器皿的特征是狭口,常见的有高颈瓶、壶、桶、罐、钵、杯等。高颈花瓶口较小,瓶身高而狭瘦,肩部较宽,利用这种器皿插成的插花作品称之为“瓶花”。瓶类器皿中的“钵”,小口大肚,利用其创作的插花作品称为“钵花”。

使用瓶类器皿创作插花作品时,可以借助于花架或支架物来固定花材,而在当今插花泥普遍使用的前提下,瓶花利用花泥来固定花材已显得愈来愈方便了。选择瓶类器皿时,色彩以单一色或简单的拼色为佳,瓶上的花纹力求简单明了。瓶类器皿既有现代抽象的几何形体,还有古典传统的仿制品。

② 盆类器皿。盆类器皿其特征是阔口浅盆型。常见的有浅水盆、盘、高脚盘等,形状有长方形、圆形、多角形、新月形、S 形、椭圆形、半圆形等。利用盆类器皿插成的插花作品称之为“盆花”。使用这一类器皿插花宜使水面显露,突出水面效果,尤其是炎热的夏季,采用这种创作的手法可增加凉爽舒适感。盆类器皿的插花创作现在一般使用插花泥,某些场合也可以使用剑山来固定花枝。一般来说,盆类插花器皿特别适合初学者使用。

③ 篮类器具。篮类器具其形状似篮子,造型各异,主要用于制作花篮使用,材质有草编、竹制、藤制、塑料、金属等。

篮类器具加工时较为方便,其本身就具有一定的艺术品味,再配上一些颇有浓郁乡土气息的花材,又实用又好看,给人一种清香、情趣盎然的感觉。

(2) 按插花器皿的材质分类。不同的材质,有其不同的特点及应用价值。插花器皿按材质不同可分为:金属、陶瓷、玻璃、塑料、竹藤木器、紫砂等类型。

① 玻璃花器。玻璃花器是目前市场上最常见的一种插花器皿,与传统的花器相比,属于现代的花器。玻璃花器晶莹光亮、色彩变化多且迎合时代,适宜插一些草本花材,如郁金香、香石竹、扶郎花、唐菖蒲等。

② 金属花器。金属花器一般以铜制较为常见,属于传统的器皿,有一种庄重的气氛,显得稳重而豪华,适宜于插制木本花材。如春天在铜制的花瓶中插上几枝梅花放置在室内,既能突出梅花的高洁,又能体现金属花器的古典高雅。

③ 陶质花器。陶质花器(陶器)是泥土的艺术,属于传统的插花器皿,自古以来深受人们的喜爱。在所有的插花器皿中,陶器的数量最多,形状与色彩也最丰富,最能表现手工制作的精湛技艺。其古朴典雅之美比较适合于插制一些花色素净的作品。

④ 瓷质花器。瓷质花器(瓷器)的特点是光洁细腻。如果觉得彩绘的瓷器其色泽过于

艳丽,易喧宾夺主,则可选择素烧的素面瓷器。瓷器比较典雅细致,适合插些有韵味的花材。如民间喜欢在青瓷花瓶中插上几枝牡丹,以显雍容华贵之态;春节期间,在高身瓷瓶内插上几枝梅花,则有满室生辉之效果。

⑤ 塑料花器。塑料制品的花器质地轻盈,造型各异,色彩丰富,近年来被很多人采用。因其质感上的轻薄,宜插比较轻快的花卉种类,如洋兰、小苍兰、满天星等,这样使得作品比较容易平衡和谐。

⑥ 竹藤木器类。竹藤、木材或柳条制成的花器,属于传统的花器,其历史悠久,近年来成了热门,倍受插花创作者的喜爱。其种类有竹筒、花篮、木盆、木桶、提桶等。其特点是乡土气息浓郁、简洁、朴实无华、清秀自然,特别是与菊花以及一些自然生长的木本花枝、果枝相配,颇有生活情趣和自然气息。

(3) 生活用品类插花。器皿精巧的专用插花器皿虽然有助于插花的成功,但也绝不能忘了与我们生活息息相关的用品,用这些生活用品创作的插花作品更为简朴、通俗,更富生活情趣与感染力。

随着插花艺术的不断发展,野趣式、自然式插花的流行,以及东西方插花艺术的不断交流、互相渗透,插花的形式和种类越来越多,插花的器皿也不再局限于专用的花瓶、盆、盘、钵、花篮等,凡是能盛放一定量水的各种生活用品,大小不论,款式不限,只要与花材、环境相称,均可以作为插花的器具,创作出精美的插花作品。筐、篓、篮子等日常编制品虽然不能盛水,但利用其外形,可将盛水容器放入其内,然后再按照构思进行插花。

虽然在平时,我们对这些日常生活用品已司空见惯,但经过巧妙构思、周密安排、精心创作,一件件意境高深、耐人寻味、妙趣横生的插花作品就会呈现在我们眼前。不过,值得注意的是,以日常生活用品作为花器进行插花创作时,花材宜采用草本花材为主,甚至路边的小花野草、水果、蔬菜等均可采用。

2. 垫座与摆件

插花用的垫座同盆景的几架一样,都具有均衡构图和衬托作品的作用。插花垫座的出现具有悠久的历史,这在中国古代的插花作品中经常可以看到。插花垫座在色泽、款式、质地上要求与花器、花材基本一致。垫座可以是古典风味的,古色古香、典雅而有韵味,也可以是现代风格的,简洁明了、质朴随意。值得注意的是,一般初学者在插花结构的均衡和平稳上不太容易掌握好,可以暂时不用垫座。

摆件或配饰是一种点缀物。为了突出主题、烘托意境,有时还为了活跃画面、平衡重心,在作品的旁边摆上一些小工艺品作为陪衬,常常有画龙点睛的作用。但对初学者来讲,摆件不是必需的,如果滥用就有可能产生画蛇添足的尴尬局面。也就是说,垫座与摆件的使用必须以作品的主题为中心,不可喧宾夺主,更不能过分地标新立异。

3. 插花器皿的选择方法

插花器皿是插花作品的重要组成部分,因此,花器的选择与花材的选择具有同等的重要性。在选择花器时,总的选择原则是要求便于花枝的布置、能够衬托出花材本身的姿态美和色彩美等,同时还要考虑与环境的协调。具体来说应注意以下几个因素:

(1) 花器的形状。花器在外形上应该要求简洁大方,比例适中,重心位置适当。具体地讲,在插花创作时要根据花材和枝叶的形状来选择所需的花器形状。如长方形的花器,需配合水平形构图的插花，重点在于右端，且使花枝高低仰俯呼应；圆形、八角形的花器，宜放置在环境的中央，如放置在餐桌中间，作品应插得适当低一些，照顾到四面八方。而对于作品的构图是直立式或高耸的三角形和倒 T 形的插花，则可采用各种形状的花器，如高脚的花瓶等。

(2) 花器的颜色。总的来讲，花器的颜色不但要求素雅大方，与花材的颜色相调和，而且还应保持一定的对比，使花器的颜色浓淡恰到好处。如选择花瓶，应以素身没有绘画的瓶类为佳，因为花器上的画，若画得很粗糙，人们还未曾欣赏到瓶中的插花就已产生了一种不好的印象；反之，若花器上的画绘得太好，则有一种喧宾夺主的感觉，转移人们的视线。

(3) 花器的质地与体量。小型的、纤细的插花作品应该选用质地轻巧、光滑的花器，如塑料花器、玻璃花器，而大型的、粗线条的插花作品应选择外形轮廓清晰、结实、质感稳重的花器，如陶瓷花器等。

花器的体量，则应与插花作品的体量相协调，应力求比例适当、稳定性强。

(4) 花器与环境的协调。花器的选择应根据不同的环境而定，尽可能使花器与环境和谐，使两者在风格、色彩、质地上有较好的统一性。如进门的走廊没有地方可以安置花器，则可采用悬挂式花器；接待室布置插花，要注意作品体面大方，不可用矮瓶；餐桌插花布置必须考虑到任何方向都能观赏，插制时宜采用盆、钵作为花器；矮小的空间不宜使用过高的花器；宽敞高大的客厅，若采用小型花器，又会显得与环境不相称；古典式的花器与古典式的建筑、家具相协调；玻璃、塑料及仿金、仿银的花器与现代居室风格相配，若再插上艳丽的花材，则更显得华贵富丽。

总之，插花器皿不仅要与花材相配，同时还要与环境相协调，只有这样，才能体现出用插花作品来美化环境的神奇效果。

3.5.4　插花的类型

一、根据插花所使用的材料不同分类

1. 鲜花插花

它是指全部或主要用新鲜材料制作的插花。

2. 干花插花

它是指主要或全部用自然的干花或人工加工处理的干燥植物材料制作的插花。

3. 人造花插花

它是指采用塑料花、绢花等人工制造的仿真类植物制作的插花。

二、根据插花作品的使用目的不同分类

1. 礼仪插花

它是指用于各种社交活动中，为了烘托、营造一定氛围，表达人们的情感和心意的一类插花，如庆典仪式、婚丧嫁娶、探亲访友等场合使用的插花大多属于礼仪插花一类。礼仪插花的常见形式有花篮、花束、花环、花圈、桌饰(即桌面铺花)、新娘捧花、头花、胸花、肩花等。

2. 艺术插花

它是指用于美化、装饰环境和供艺术欣赏活动而制作的一类插花。艺术插花的形式多种多样,有瓶插、盆插、篮插等,而根据风格的不同又分为东方式插花、西方式插花和现代自由式插花等。

三、根据艺术风格分类

1. 东方式插花

它是指以中国和日本为代表的艺术插花,主要特点是崇尚自然,朴实秀雅,讲究诗情画意,尤其在构图上比较讲究线条美,用花较少,但立意高深,以达到借景抒情、情景交融、耐人寻味的艺术效果。

2. 西方式插花

它是指欧美各国通常流行的传统插花形式,主要特点是用花较多,以色彩为主,追求块与面的群体美,注重装饰效果。在构图上常采用圆形、三角形、扇形、S 形等规则的几何图案,并特别强调色彩的运用,形体丰满紧凑,花大繁多,华丽而庄重,但意境淡雅。

3. 现代自由式插花

这类插花融汇了东西方插花艺术的特点,既有东方式插花的艺术风韵,也有西方式插花的雍容华贵,更渗入了现代人的意识,追求革新,自由发挥,不受任何规则的约束,但求造型美。因此,现代自由式插花既具有装饰性,又有一些抽象的意境。

四、根据艺术表现手法分类

1. 写实式插花

写实的手法是以现实具体的植物形态、自然景色或动物的特征为原型进行艺术再现。用写实手法创作的插花有自然式、写景式、象形式三种表现形式。自然式主要表现花材的自然形态,按照主要花材的形态又可分为直立型、倾斜型和下垂型等;写景式是模仿自然景色,将其浓缩于作品中;象形式则是模仿动物的形态,如鸭子、丹顶鹤等。

2. 写意式插花

写意的手法是东方式插花所特有的表现形式。该手法主要利用花材的各种属性(如谐音、品格或形态等),寓意于花,以表达作者的某种意念、情趣或哲理,并配以贴切的命名,使观赏者产生共鸣,并随着作者进入一个特定的意境。古代的理念花、格花、心象花及现代的一些命题式插花都属于此类。

3. 抽象式插花

抽象的手法不以具体事物为依据,也不受植物生长的自然规律制约。东方艺术插花及一些装饰性插花均属于抽象式插花的范畴。必须指出的是,在同一个插花作品中,可以采用不同的表现手法,也可将上述三种类型的插花手法结合起来应用。例如,中国插花艺术就经常采用写实与写意相结合的手法。

3.5.5 插花的构图方法

插花是一种最少固定、最多例外,最少常规、最多变化的艺术创作。插花作品的造型千变万化,有着各种不同的形状,但即便如此,插制也是有规律可循的,这就是:比例与尺度、多样与统一、协调与对比、均衡、韵律与节奏这五大构图原理,它是衡量插花作品“型”造得美与不美的重要标准。

插花艺术在构图、造型上千变万化，但不论是古代还是现代插花，在构图上都存在一定的规律。从总体上来分，有两大类构图形式，即对称式构图和不对称式构图。

一、对称式构图

对称式构图是在假定的中轴线两侧或上下均匀布置，结构上要求紧凑、丰满，外形轮廓整齐清晰。这类构图具有烘托喜庆、热闹气氛的作用。它的特点是倾向于统一，条理性强，但有时显得单调和呆板。西方插花中常采用这种构图形式。对称式构图一般不太讲究鲜花与花器之间的比例关系，以稳固为度，也不太讲究疏密变化，主要是匀称排列。具体插制时，花枝位置的确定也比较容易，可以通过插入五枝或三枝花来确定。四面观赏的作品，可以用五枝花来定位，方法是将第一枝花插在顶部，确定作品的高度；另外的四枝花插在作品的前后左右，以确定作品的宽度；其他的花在限定的范围内插入。单面观赏的作品，是用三枝花定位，方法是将第一枝花插在顶部，确定作品的高度，另外两枝插在左右两侧，限定宽度。

对称式构图常见的基本形式有：球形、半球形、塔形、圆锥形、扇面形、放射形、椭圆形、倒T形、等腰三角形等。

1．球形、半球形插花的构图及特点

这类构图为完全中心对称，花材呈360°或180°展开。新娘捧花常采用球形构图。餐桌及会议桌上也适宜放置球形、半球形构图的插花作品。

(1) 插制此类形状插花应注意事项：

① 花器适宜选择低矮的浅盆。

② 花材选择时应注意色彩的调和与对比，同色花材不相邻。主要花材常采用玫瑰、康乃馨、郁金香等，衬叶常用蕨类植物，填充花常用满天星等。

③ 注意球形表面的圆滑，不能凹凸不平。

(2) 插制的基本程序：

① 先将主要花材修剪成长短一致。

② 在花泥上划出五角星图或六角星。花泥高出浅盆2～3cm。

③ 依次在结点位置上插入长短相宜的主花材。顶端位置的花材应与花器垂直。底面边缘位置的花材应沿花器边缘水平插入。侧面位置的花材应在两者之间的45°角处插入。

④ 在主花材的空隙处插入辅助花材，其高度不超出主花材。

⑤ 在作品的下方底部水平位置上，水平方向插入衬叶。如图3-9所示。

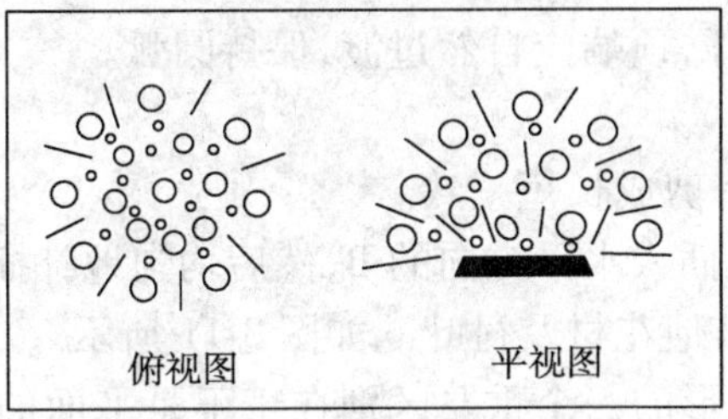

图3-9　球形、半球形插花示意图

2．塔形、圆锥形插花构图及特点

此花形是西方式插花中的基本形式。外形与埃及金字塔相似。俯视呈圆形，侧面看呈塔形。常用于盛大的宴会和制作庆贺大花篮。此构图形式能使插花作品显现出稳重和华美之气。

（1）插制的注意事项（要求）：

① 花材一般多采用草本花卉，用花量大。一般常用菊花、康乃馨、玫瑰、唐菖蒲等，衬叶和填充花采用满天星、夹竹桃等。

② 主枝花应呈直立状，且具有一定高度。

③ 侧面图中应注意左右对称。俯视时插花作品应呈圆形。因此插作时，应不断地转动花器，边转边插，才能保证每个面的量基本上平均。

（2）插作的基本程序：

① 先将主枝花修剪后插入花泥的中心，其高度决定此插花作品的高度。

② 将5~6枝花材修剪成长短一致，水平插入花器的沿口四周，以决定此作品的宽度。

③ 依次从上至下插入其他位置的花枝。

④ 用填充花和衬叶填补空隙。如图3-10所示。

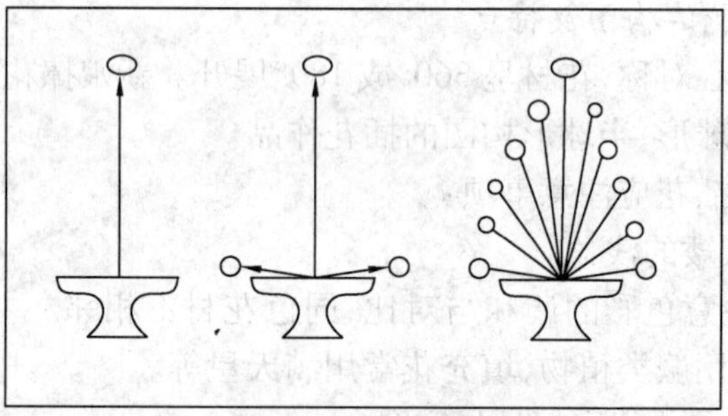

图3-10　塔形、圆锥形插花示意图

3. 扇面形、放射形插花的构图及特色

扇面形插花往往利用线状花材，模仿折扇的骨架所构成。这种插花构图多用于花篮的制作中。由于花枝向外伸展，因此扇面展开的面积较大，较适宜放置在酒店的大堂等空间较大的地方，或放置在墙的转角、三角位、柱位等处。其特点是能显示出热烈奔放的气息。

（1）插制的注意事项：

① 作为骨架的花材应相同，包括种类、颜色。

② 花器的选择较自由。

③ 构图应保持180°展开，顶端应自然过渡，保持圆弧。

（2）插制的基本程序：

① 将作为骨架的花材修剪成长短一致。

② 先插中心A位置，再插入水平方向的B，然后均匀地补插其他“扇骨”。

③ 在扇面的下部插入其他花材及衬叶。如图3-11所示。

放射形插花构图同扇面形的一个重要区别在于不是平面的，而是立体的放射状。这类插花插制基本程序示意图同球形构图相接近，但其区别是：一个稀疏；一个丰满而构成一个球面。

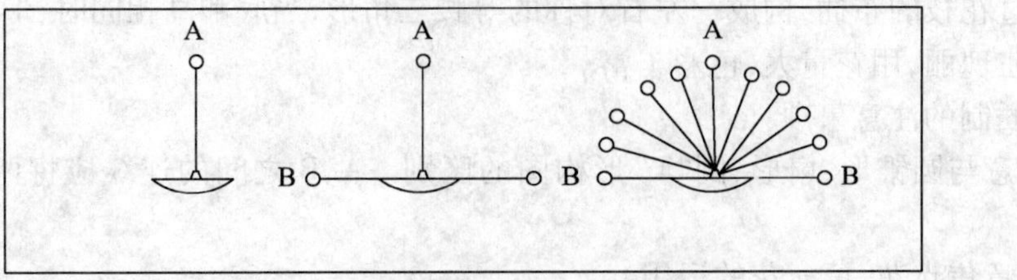

图 3-11　扇面形插花基本程序示意图

4. 椭圆形插花的构图及特点

这种构图形式是欧美插花风格的代表之一。采用堆集式的方式，造型自然，具有神秘感。常运用于教堂、祭祀、葬礼或典礼仪式上。

插制这种构图形式的作品时，应注意作品的稳定性，一般适于采用古典的花瓶作为花器。

插制的基本过程是：

(1) 将花泥用竹签联成长方体，并整修顶部成圆弧形，放入花器中。

(2) 将修剪成长短一致的花材插入花泥中，边转边插，以保持圆弧状。

(3) 注意顶部和底部的圆弧。

(4) 用填充花材和衬叶填充空隙。

5. 倒"T"形插花的构图及特点

倒"T"形在西欧又称洛可可型，是从广场的喷水池中得到灵感而逐渐形成和定型的。采取的是左右对称方式。表现的是向上喷溅的水和飞沫四下的优美线条，具有蓬勃向上之气。

(1) 插制的注意事项：

① 底部的两边宽应相等，应采用相同花材。

② 高和两边宽之和应相等。A 花材长 = B 花材长 + B′花材长。

③ A、B 之间的连线应低矮，否则会变成三角形。

④ 注意焦点花的选择，位置宜在 B—B′水平线附近。

(2) 插制的基本程序：

① 用衬叶铺好底部，以盖住花泥。

② 将若干花材 A 修成适宜长度，插入花泥的中心，作为插花作品的垂直主枝 A。

③ 将若干花材 B 修成适宜长度（A 的一半），分别从左、右两边水平地插入花器的沿口处。

④ 在 C 位置插入焦点花。

⑤ 在 C 附近插入其他相配的花材及衬叶、填充花材等。

注意高度不要超过 D 位置（整个作品高度的 1/4）。如图 3-12 所示。

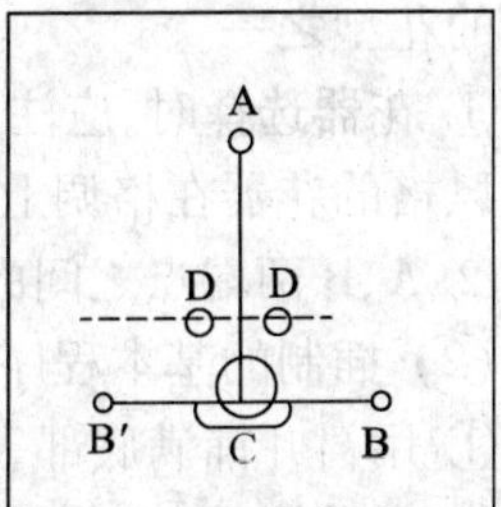

图 3-12　倒"T"形插花示意图

6. 等腰三角形插花的构图及特点

等腰三角形的构图是西方式插花中最基本、最普遍的形式之一。其应用范围较广，常用于教堂、大厅和室内设计装饰等。它通过花枝的布插，构成一左右对称的等腰三角形，当底和高相同时，形成等边三角形。其外形端庄瑰丽，用花量大，色彩丰富。

（1）插制的注意事项：

① 注意与圆锥形、扇形、倒“T”形构图的区别。A、B 之间的连线应将两个端点连起来且直。

② 注意焦点花、填充花的运用。

（2）插制的基本程序：

插制的基本程序同倒“T”形插花相似。

① 直立插入一主枝，作为等腰三角形的高（中心轴），并产生顶端 A。

② 将若干花枝修剪成相等长度，从左右两边插入花泥中，构成三角形的两个端点 B、C。A、B、C 三个端点构成等腰三角形的边框。

③ 在三角形的中心附近插入焦点花。

④ 在 A、B、C 构成的三角形中填充其他花材和衬叶。如图 3-13 所示。

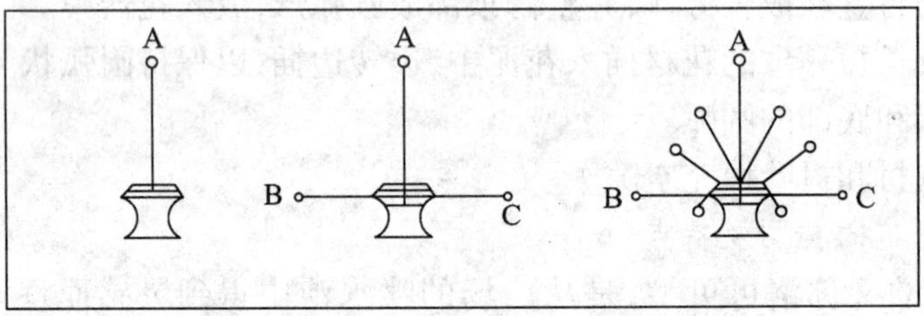

图 3-13　等腰三角形插花基本程序示意图

二、不对称式构图

不对称式构图在插花作品的外形轮廓上较为自由，不要求规则和对称，通常是以不等边三角形的构图方法来确定造型，一些造型通过历年的变化而逐渐固定下来，成为一些基本的形式，主要有 L 型、S 型、新月型和不等边三角形等。这类构图讲究作品线条的优美流畅，较之对称式构图则显得更为生动活泼，具有较强的动态美。

1. L 型插花的构图及特点

这类构图因其造型与英文大写字母“L”相似，故得此名。属于直线型结构和单面观赏的花型，适宜于摆放在窗台和转角位置。气派，其结构明朗简洁，技巧较容易掌握。

（1）插制的注意事项：在欧洲国家常摆设于壁炉之上，显得豪华，因此可作为插花入门先学的花型之一。

① 花器选择时，应注意瓶口的宽度，太窄或太宽都不适合。质地、风格以朴实为主，用现代风格的花器在格调上较易达到协调。

② A、B 两端点之间的连线处不能有花。

（2）插制的基本程序：

① 用衬叶铺满底部，以遮住花泥。

② 在花泥的 1/3 宽处垂直插入修剪过的花材 A，作为插花作品的垂直轴。

③ 将修剪过的 3 ~4 枝花材 B 水平地插入花泥，与垂直线形成垂直角，其宽度为高的 2/3。

④ 在垂直线、水平线相交的位置附近插入焦点花 C。

⑤ 在作品底部、焦点花附近插入填充花材。如图 3-14 所示。

2. S 型插花的构图及特点

S 型插花是以花体曲线安排似 S 形而得名，是从螺旋线变化而来的，因其造型与英文字母“S”相似，故称 S 型插花，又称荷加斯型、美人鱼型插花。其造型特点为华丽多姿，并体现出曲线的柔美及流动感，适宜于装饰餐桌及作为新娘捧花。

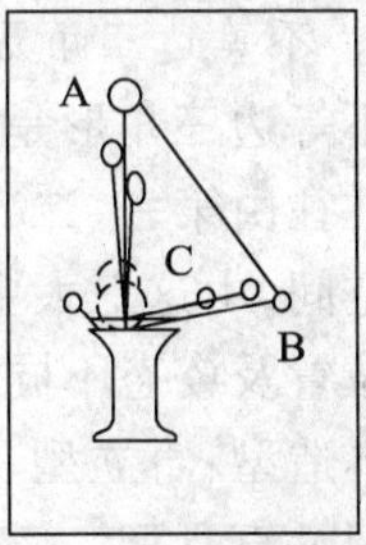

图 3-14　L 型插花示意图

(1) 插制的注意事项：

① 花器宜选择高身花瓶，用窄腰身的高瓶，效果更佳。若选择宽口平盆作为花器宜配以花架和放置在桌子上。

② 花材宜采用带有曲线状的线状花材。

③ 上半部圆弧必须大于下半部圆弧。

(2) 插制的基本程序：

① 选用曲线状的花材插制出主线。

② 选用团块状等花材沿主线依次插入焦点花。可采用交替重复、连续重复等手法。

③ 用填充花材(曲线状)进行修饰，以使花体造型丰满。如图 3-15 所示。

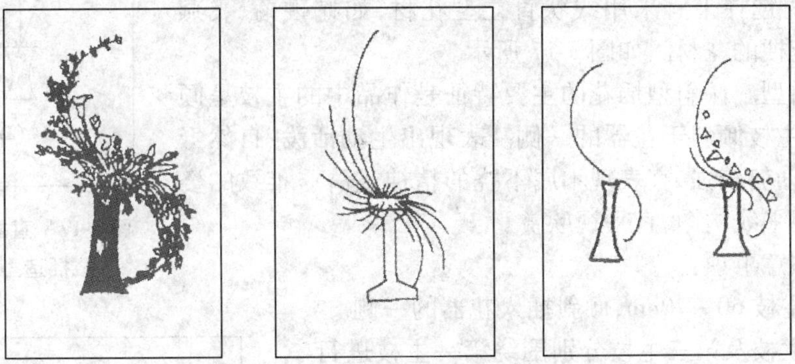

图 3-15　S 型插花基本程序示意图

3. 新月型插花的构图及特点

新月型插花又称“弯月”型，其创作灵感源自“弯月”这一自然现象。由于其造型又似英文字母“C”，故又称 C 型插花。其造型特点是具有较强的曲线美和流动感，颇具观赏价值，适宜于室内装饰和作为礼仪馈赠礼品。

(1) 插制的注意事项：

① 花器宜选择低矮的、口部较宽的瓶和盆。

② 花材宜选择较柔软的、易弯曲成弧形的或原本弯曲的花材作为主要线条。

③ 花材与花材之间应避免交叉，且花材的量不要太多，这样才能显出线条的优美。

④ 左右两边的弧形应有变化，应一高一低有节奏变化，其比例为 1∶0.5 或 1∶0.75 均可。

(2) 插制的基本程序：

新月型插花的制作程序与 S 型基本相同。如图 3-16 所示。

4. 不等边三角形的构图及特点

不等边三角形是东方式插花中最常见的构图形式，作品中往往由第一、二、三主枝的顶点构成一个不等边三角形的空间，由这三大主枝构成作品的骨架。这三大主枝的相互位置及姿态不同，使得不等边三角形构图产生以下几种基本造型：直立型、倾斜型、下垂型和水平型。

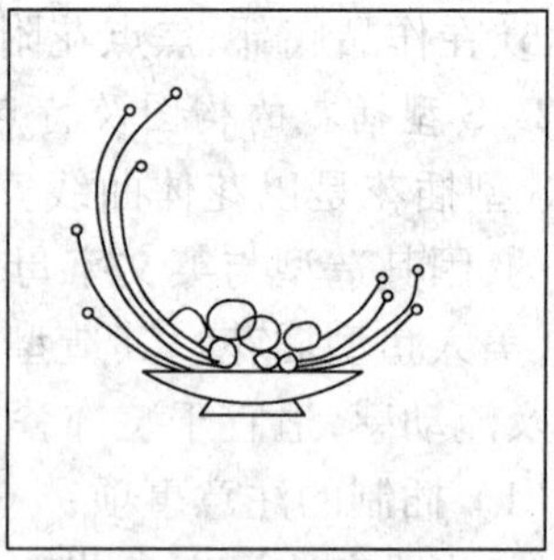

图 3-16　新月型插花结构示意图

（1）直立型。直立型插花的特点是第一主枝基本上呈直立状，所有插入的花枝都呈自然向上的姿态。这种造型往往表现出蓬勃向上、刚健有力的气势，也可表现端庄稳重、亭亭玉立的姿态。属中视平线构图。

插制的注意事项：

① 第一主枝必须在花器中插成直立状（若插成垂直状，则构成另一种变化，有人称其为直上型）。

② 第二、三主枝分别插在第一主枝的两侧，略有倾斜，与第一主枝形成呼应。

③ 在花材选择上宜采用线状直立型花材，如蛇鞭菊、飞燕草等具有长花梗的花材。如图 3-17 所示。

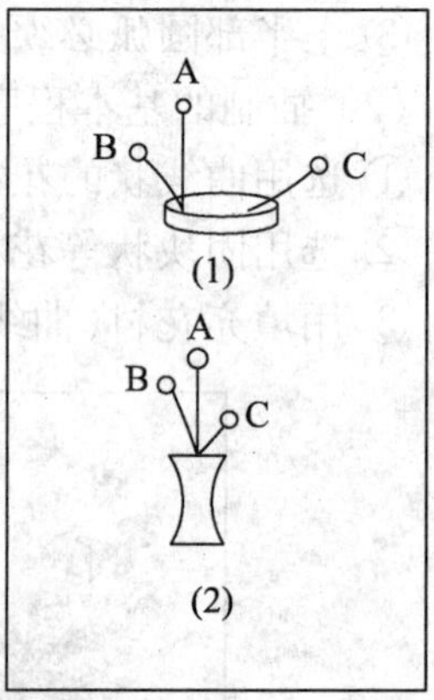

图 3-17　直立型盆插与瓶插造型示意图

（2）倾斜型。倾斜型插花的主要特征是作品中的主枝呈倾斜状，且第一主枝倾斜于花器的一侧。表现出生动活泼、自然舒展的动态美，动势较强，宜表现不屈不挠的精神或清秀雅致的姿态。也属中视平线构图，宜平视欣赏。

插制的注意事项：

① 第一主枝 60～70cm，倾斜插入花器的一侧。

② 第二主枝及第三主枝分别围绕第一主枝进行排列，可直立，也可呈下悬状，但须与第一主枝形成统一的倾斜趋势。

③ 花材可选用一些线状花材，也可利用一些曲线优美、造型独特的木本枝条来构成作品的倾斜之势。如图 3-18 所示。

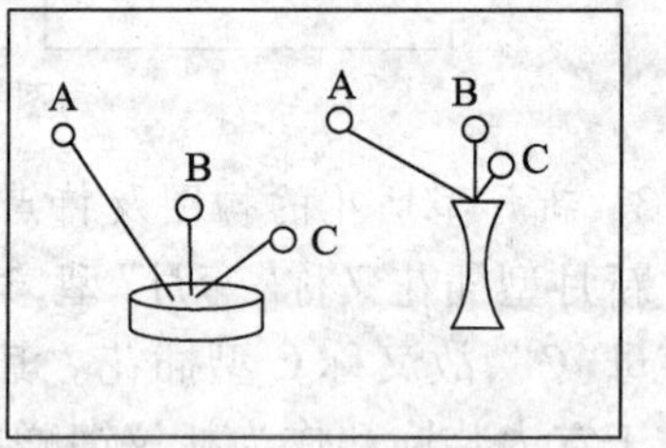

图 3-18　倾斜型盆插与瓶插造型示意图

（3）下垂型。下垂型插花又称悬崖式插花，其主要特征是第一主枝呈倾斜状从花器上悬挂下垂，整个造型似瀑布倾泻，又像从悬崖上垂下的藤蔓，呈现出飘逸、高雅之格调。此造型插花较多地运用于高花器、壁挂及放置在高处。在新娘捧花等礼仪插花中，也常用此造型。属高平视线构图。

插制的注意事项：

① 花材应选择较柔软的、飘逸的枝条，如文心兰、常春藤、洋兰等。插制时应使枝条简洁且夸张，清疏流畅。

② 花器宜选用细高的瓶、竹筒等。若选用低矮的盆，则应放置在较高的花架上。

③ 下垂的花枝长度视花器高度而定。

④ 下垂的花枝应保持一定的弯曲度，可以通过一定的技术处理，如用铁丝辅助弯曲等。

⑤ 为使下垂的枝条保持轻盈飘逸，可以除去花枝上多余的叶、花。如图 3-19 所示。

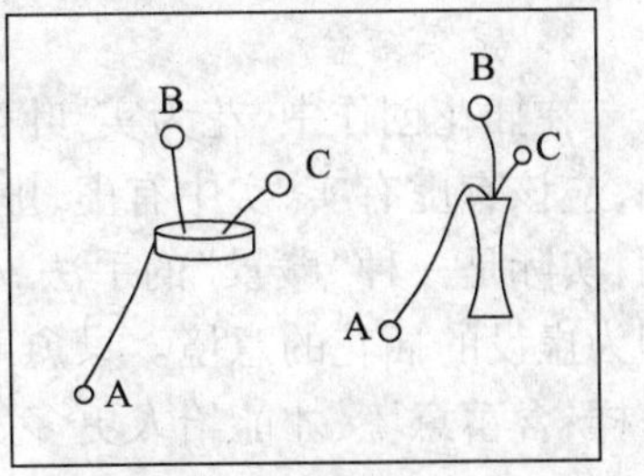

图 3-19　下垂型盆插与瓶插造型示意图

(4) 水平型。水平型插花又称平卧式插花，其造型的特征是所有花枝向水平横卧伸展，各花枝的位置一般在水平线上下各 15°范围内变化，如同地被植物匍匐生长的姿态，易给人以平稳舒展、恬静之感。适合于餐桌、主持台、会议桌等的装饰与布置，属低视平线构图，适宜俯视观赏。

插制的注意事项：

① 造型中的三大主枝虽处在一个平面上，但仍应有长短、远近之分。

② 一般将第一主枝插在花器的一侧，第二主枝插在花器的另一侧，第三主枝则根据插花作品的重心插入。

③ 注意各花枝之间的平衡、协调关系。

④ 三大主枝的位置可作变化，使水平式插花产生不同变式，如第二主枝与第一主枝同侧，用第三主枝的位置来解决作品的重心和平衡关系。如图 3-20 所示。

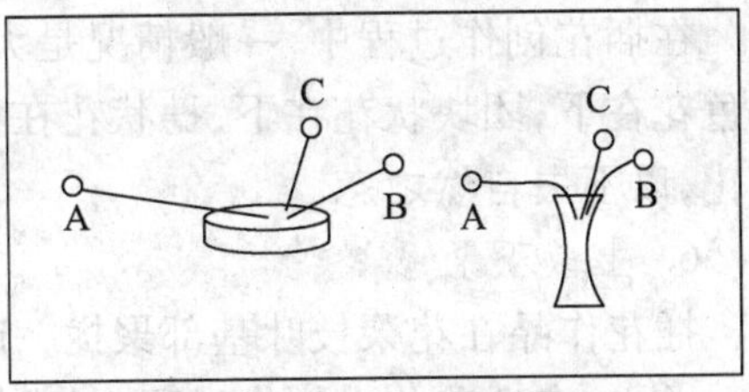

图 3-20　水平型盆插与瓶插造型示意图

以上四种造型在插制时的基本程序较为相近，主要有以下几个步骤：

(1) 在花器的适当位置依次插入第一、二、三主枝，构成作品的基本造型。

(2) 在作品的视觉焦点处插入焦点花。

(3) 用填充花材和衬叶加以修饰，使作品构图丰满完整。

3.5.6　插花的造型技巧

一、造型法则

插花作品是有生命的艺术品，在创作过程中既要掌握一般艺术创作的原理，又要掌握植物的生长规律和特点。艺术插花的构图与绘画一样，要做到多样的统一和不对称的均衡，掌握这一规律就要在植物材料的布局远近、高低、轻重、大小、仰俯、深浅、疏密、虚实等方面安排得体。中国插花崇尚自然，避免四平八稳，平淡无奇，力求稳中生奇，给人以自然稳定的感觉。一般来讲，枝叶和花朵的配置要掌握以下六项法则：

1. 高低错落

即花朵的位置要高低前后错开，切忌把花插在同一横线或直线上。

2. 疏密有致

一般插花作品中的花叶不应等距安排，应当有疏有密。过密则会产生窒息不通风的感觉，让人感到不舒服；疏可使花叶尽展美态，但过疏就会显得空荡，画面显得过于松散。

3. 虚实结合

在插花创作中，花为实，叶为虚，有花无叶欠陪衬，有叶无花缺实体。一件完美的插花作品，应该有虚有实，实中有虚，虚中有实，才能显示出灵空不板，余味无穷。插花中虚景的运用，实际是一种“藏景”的手法，花枝构成的画面显露于观者面前的为实境，深藏在花枝背后即为虚设的插花的意境。景愈藏，则意愈深，插花时只有讲究虚实对比，像绘画“留空布白”一样，含蓄意境，才能给人更多发挥想像的余地和空间。

4. 仰俯呼应

上下左右的花朵枝叶要围绕中心顾盼呼应，既反映了作品的整体性，又保证了作品的均衡感。

5. 上轻下重

在插花创作过程中，一般情况是大花在下，中花在上；盛花在下，花蕾在上；浅色花在上，深色花在下；团块状花在下，穗状花在上。这样才能给人以稳定均衡的感觉，并应有所穿插变化，以不失自然之态。

6. 上散下聚

插花作品在花朵枝叶基部聚拢一起，似围在一起，同生一根，上部疏散，多姿多态。

总之，在插花艺术创作过程中，掌握以上六法，就能使插花作品在统一中求得变化，在动势中求得平衡，在装饰中求得自然，使作品既能反映自然的天然美，又能反映人类匠心的艺术美。

二、花材的造型处理技巧

在插花艺术中，通常运用花材的色彩和造型的组合，创作出具体的形象作品，使人们通过视觉器官感受缤纷的色彩和优美的姿态，领会创作者的思想情感和作品的诗情画意。因而创作者除了合理搭配花色以外，还必须具有巧妙的造型处理技术。这些造型处理技术包括善于修剪、精于弯曲、巧于固定等。

1. 修剪

在插花过程中，有时为了作品构图需要或为了达到某种审美要求，人为地对花材及衬叶进行修剪，使其符合作品的要求，形成新奇独特的视觉效果。

(1) 枝条的修剪。对枝条进行修剪时，要注意以下几点：第一，具有天然风韵的枝条，因其自然弯曲、线条流畅、姿态优美，是插花构图的优良花材，要尽可能利用这些具有自然美的枝条。第二，对枝条进行修剪前先要仔细观察，区分出枝条的正反面，在正面找到主视面，以主视面为中心，剪除多余的侧枝、小枝、枯枝。第三，同方向的平行枝条只保留一枝。近距离的重叠枝、交叉枝要适当剪除，使枝干轻巧有变化，活泼而不繁杂。凡有碍于构图、立意表达的枝条一律要剪除，不要犹豫。第四，枝条的长度应根据环境、花器大小和构图需要来决定。剪切枝条一般要求斜剪，以增加截面面积，增大枝条的吸水面，从而延长枝条的水养寿命。

(2) 叶片的修剪。在插花过程中，对于一些叶面宽大的衬叶进行适当的修剪变形，可使作品在构图上新颖独特、别具一格。如把宽大的棕榈叶片修剪成三角形、半圆形或其他不规则形状等。在具体创作时，可根据插花作品的构图和立意采用多种修剪变形方法。通常需要或可以修剪的衬叶有散尾葵、铁树、八角金盘、蒲葵、一叶兰、巴西木等。

2. 弯曲造型

对花材进行巧妙的弯曲造型，是插花艺术中非常重要的一种技巧，也是衡量一件插花作品水平高低的标准之一，从中可以看出插花者对插花技巧的熟练程度。弯曲造型的手法很多，下面介绍几种常用的方法：

(1) 枝条弯曲法。枝条的弯曲有很多情况，当弯曲木本硬枝时，需两手拿着花枝，手臂贴着身体，大拇指压在准备弯曲的部分，慢慢用力向下弯曲；对于草本茎，可用左手拿着花茎的适当位置，右手将茎旋扭，使其弯曲成所需形态。一般枝条的节和芽的部位及枝条交叉处容易折断，应该在其节间部分进行弯曲，较易获得理想的弯曲效果。

(2) 枝条打圈法。对植物枝条进行打圈处理，可以改变枝条乃至整个插花作品的造型，有助于插花作品设计的变化，但并非任何枝条都能打圈，要选择枝条柔软的花材，如银柳、垂柳、迎春、黄馨等。

(3) 叶片的弯曲和造型。叶片的弯曲和造型相对比较简单，但变化也很多。柔软的叶片要做到适当弯曲，可把叶片夹在两个手指缝中，慢慢抽动，反复几次就能如愿。有时为了让叶片呈现非自然的形状，可以先造型，然后用大头针或透明胶带进行固定，或者用手撕裂叶片创造出多种不同的形状，这种方法适用于单子叶植物的叶片。

① 穿叶法。此方法适用于叶面比较柔软并具有叶柄的叶片，如一叶兰、巴西木、姜花等。处理时先将叶片进行弯曲，并在叶尖处扎一小孔，然后将叶柄穿入其间，圆圈的大小可以根据需要扩大或缩小。在一件插花作品中同时使用几张经过穿叶法处理的叶片时，切忌圆圈的大小一致。穿叶处理时要防止叶片撕裂而影响造型。

② 卷叶法。卷叶造型是利用物理或机械的手段来改变叶形的一种方法，通过卷曲可以改变原来的形状，使叶片更富有变化和新意。具体操作时，将叶片从叶尖处卷起，并放在手掌内揉搓；揉搓时双手适当压紧，以不折断或撕裂叶片为度，用手反复揉搓，放开手后，叶片仍具有较好的卷曲度。如果需要表现螺旋状造型，可以将叶片作斜向卷曲，定型后就呈螺旋状。

③ 枝叶弯折法。在插花创作中，有时为了表现自然或为了达到某种抽象的艺术效果，常常对一些完整的枝叶作适当的“破坏”处理，把长条形的枝叶作弯折处理，使作品的线条富有变化。如用钢草弯折成三角形、菱形等几何形状，具有非自然意义上的抽象的艺术。

④ 叶面破损法。在艺术插花中，有时需要表现叶片被食叶动物侵害过的立意，需要对完整的叶片作适当的破损处理。如将叶片边缘剪出一些凹缺，在叶的表面剪出几个不规则的洞孔。有时需要表现植物残败的痕迹，就可以将其中的一张叶片进行随意撕裂，呈现出斑驳残损的景象。

(4) 铁丝造型法。这种方法是将花枝利用铁丝进行缠绕加固后进行弯曲造型，手法简单，弯曲自如。有些花茎太硬或太软，如剑兰、非洲菊等不易弯曲，一不小心容易折断，可以将铁丝穿入茎中或缠绕在茎干上，再慢慢顺势弯成所需的角度。如果用绿胶带将裸露的铁丝包起来效果更好。也可以采用螺旋状缠绕，紧贴在叶背或用两根铁丝夹住叶面叶背等方法进行造型，使一些不易弯曲造型的长枝、叶片能够按照构图需要进行造型。使用的铁丝规格，一般以市售的 20 ~ 22 号为好。

3. 固定

花材经过修剪、弯曲造型后，插花时必须将其加以固定，才能达到预期的效果；否则稍经移动,就会花倒枝斜,作品就失去了美感。因此,插花的固定技巧是插花中最关键的一个环节。由于花器的不同,要运用不同的技巧来固定花材。一般盆插常用剑山、花泥进行固定;瓶插的固定方法更多,技法相对比较难一点。

(1) 剑山固定法。剑山亦称花插,一般是用铅块铸成的圆形、半圆形、长方形等形状,其上固定有许多按顺序排列的铜针。剑山固定常用于浅盆插花,草本花材可直接插在针上;如果花材茎干太细,可以把几支绑扎成束以后再插在剑山上,或者插在一截较松的短茎内,连同短茎一起插在剑山上。空心的草本花材可以在中空部位套一截短枝,然后插在剑山上进行固定。木本花材的茎比较粗硬,木质化程度高的枝茎甚至会损坏剑山。所以木本花材的茎基部切口一般要斜剪,利用削尖的剪口直插在剑山的针间缝隙中。太粗的树干可用其他刀具剖开,根据粗细程度切成两半或四个部分,也可用锤子将树干末端击碎以后再插入剑山。

(2) 花泥固定法。插花用的花泥外形似泡沫塑料,干时很轻,吸足水后象泥块一样沉重,能固定花材,花枝能从花泥中吸收到水分。花泥的使用非常方便,花枝的角度变化可以随心所欲,而且对枝条无损。插花时可以根据花器的大小进行随意裁切。使用花泥进行插花时必须注意两点:一是干花泥要避免重力挤压,放入水中让其自动吸水,直至吸足水分为止;二是插入花泥的花枝基部应剪成斜面,既可保护花泥,又能让花枝有较大的吸水面。

(3) 瓶插固定法。瓶插固定难于盆插,但固定的方法多种多样,常用的有以下几种:

① 插架固定法。这是一种在花瓶口用支架支撑固定的方法。插架一般用竹子或木条制成,卡在瓶口将空间分隔成若干块,当花枝插入花瓶后,可以减少滑动走形,达到固定的目的。插架的形状很多,有一字形、十字形、Y 字形、井字形、T 字形等。

② 添枝固定法。在花枝的近下端,添上一小枝,绑扎后呈十字支撑架,再插入瓶中固定;也可以把添加的枝条与要插的枝条各自基部剪开,互相夹插,插入瓶内固定。

③ 折枝固定法。这种方法是将枝条基部折曲,利用它的还原反弹作用,撑压花瓶内壁,折口支撑住瓶底,而起到固定的作用。此法比较适合于枝条柔韧的花材。

除了上述几种方法外,瓶插时也可采用花泥固定的方法,但要求花瓶的瓶口相对较大。

3.5.7 插花的保鲜

在插花创作过程中,为了能够使鲜切花较长时间保持艳丽优美的花姿花容,需对花材进行必要的保鲜处理。

一、影响花材寿命的原因

插花用的花材被剪下离开母株之后,它代谢活动所需的营养源被切断,在相同的环境条件下比留在母株上的衰败速度更快。其中的原因是多方面的:

1. 输水导管堵塞导致切花失水凋萎

鲜花是一种很娇嫩的植物器官,如果得不到足够的水分就会导致萎蔫。只有当其细胞保持一定的膨胀压,使其保持一定的紧张度,生理代谢活动才能维持正常状态,并保持花的固有形态,这只有在吸水大于蒸发的情况下才能获得。切花在剪切的一瞬间,空气就从切口充满管腔,并在花枝自身的抽吸压作用下进入导管,从而截断了水分的输送。有些植物如一品红、水仙花、罂粟科植物的花枝，剪切后从切口处分泌出乳质或胶质，堵塞导管导致吸水困难。另外，花枝切口处产生的含糖分泌物，在适当的温度条件下，容易滋生细菌，这些细菌及其代谢产物粘附在切口附近，也会使导管堵塞而失去吸水能力。如果插花用的水不洁净，水中的微生物代谢产物被花枝吸收，也可能导致吸管吸水能力降低。由于以上种种原因，导管失去了吸收和输送水分的功能，花枝体内的水分失去平衡，导致花朵的萎蔫或凋落。

2. 呼吸作用消耗储存的养分

花枝要维持生命活动，不仅要有充足的水分，同时还要依赖自身的呼吸作用，使体内储存的物质转化为生命活动所需的能量。环境温度越高，呼吸作用就越强，体内的能量消耗也越快，因而花枝的衰败速度也就加快。植物生命活动的能源是碳水化合物（主要是糖），正常生长的花枝由母株通过光合作用合成碳水化合物作为能量来源，而切花所带绿叶较少且离开母株后各种条件都不利于光合作用的正常进行，补充能量越来越少，自身消耗越来越多，以致影响正常代谢活动使鲜花寿命缩短。花枝在呼吸作用消耗体内能源的同时，也会产生一些有害物质，如乙烯、氢气、参元酚等，加速花枝的凋落。

3. 乙烯的催化促进切花早衰

乙烯是植物体自身产生的一种内源激素，它是健康的花及其果实的代谢产物，也可由衰老或者受伤的植物组织产生。当鲜花被剪切后，处于一种应激状态，会产生大量的乙烯。同时由于缺水、缺能源的逆境出现，使切花体内的脱落酸含量增加，更促使了乙烯的大量产生。乙烯对切花保鲜极为不利，它是植物衰老过程中产生的一种物质，各个器官都能产生，而且能自动催化反应，只要有少量的乙烯存在，就可以诱发和促使切花中迅速产生大量的乙烯，使切花的呼吸加强，加快老化。一般在低温、低氧的条件下乙烯的生成较慢。

二、延长切花寿命的方法

了解了影响切花寿命的原因，就能采取对策，避免或降低不利因素对切花寿命的影响。

1. 掌握切花采收的时间

适时采收是延长花期的有效办法。有些切花品种宜在含苞待放时采收，如月季、唐菖蒲、百合、郁金香、小苍兰等；有些品种宜在盛花初期采收，如菊花、大丽花、非洲菊、一品红等；还有一些品种需在半开时采收，如马蹄莲等。当然还必须根据不同的季节、贮藏条件、运输路途的远近、上市时间以及用花时间的具体情况而灵活掌握采收时间。

一般来说，切花的采收时间一天中应为早晨或傍晚。采收以后的切花应及时整理包装，并立即浸水或冷藏。

2. 采收以后的保鲜处理

切花采收以后及在进行插花创作之前，可以根据不同切花品种的特性，采用以下的保鲜处理方法：

(1) 水中剪枝。剪切插花材料时，最好在水中进行，可以防止空气从切口部位进入木质部导管，形成气泡，影响花朵吸水。

(2) 扩大吸水面。在插花剪枝时，对于一些草本花材，可将花枝基部剪成斜面，扩大吸水面积；对于一些木本花材，可采用末端击碎法，即将花枝的末端（约 3.3cm 左右）击碎以扩大吸水面，可有效地延长花期。

(3) 烧灼浸烫。花材中有许多是多浆多汁的，如一品红、橡皮树等，其枝叶经过剪切后切口处会有浆汁流出,如不及时进行处理,切口处导管会被浆汁阻塞,影响花材寿命。因而可采用火烧和热水浸烫的办法,阻止浆汁流出。通常木本花材和枝干质地较硬的花材,采用烧灼法较为适宜;而草本花材和质地较嫩的花材,采用浸烫法较为合适。当然在进行烧灼或浸烫时,必须注意不要伤及花朵。

(4) 深水急救。切花从采收到上市,或从市场购买到最终插制,其间因运输、高温和养护等原因可能引起切花的萎蔫或脱水现象,可采用深水急救的办法,即将花枝末端放入水中剪切后,再把花枝全部浸没在水中,2 ~ 12 小时以后,萎蔫的花枝可重新复苏和开放。

(5) 水质与营养保鲜。水质对花材的寿命有很大的影响。一般采用清洁的雨水效果最好;其次是河水、井水;自来水因含氯气,宜放置一天后再用。为保证水质清洁,要勤换水,并定期清洁容器。水中加入适量的糖和维生素等营养物质,能使花色更艳、花期更长。通常蔗糖的浓度控制在 2% 左右,维生素的用量在 1% 左右,结合气温的变化,用量适当增减。

(6) 化学保鲜。采用化学保鲜的作用主要是抑制细菌的滋生,保持水分和养分的供给,抑制乙烯的产生,以延长花材的寿命。近几年来,国内外对化学保鲜剂的研究非常广泛,并形成了一些专利性的切花保鲜剂产品,如国内研制的"艳花素",不仅能保鲜、延长花期,还能使经过冷藏的花蕾正常开放。切花保鲜剂中一般都含有 18 种以上不同成分的化学物质。其中以 8-羟基喹啉柠檬酸作为主要的活性物质,具有抑制细菌繁殖、防止导管阻塞、减少水分蒸腾的作用。当然,在家庭插花保鲜时,如果一时买不到保鲜剂,可自制简易的保鲜剂。在 1 千克水中加入一匙蔗糖、四分之一片阿斯匹林药片、小半匙食盐,均具有较好的保鲜效果。

3.5.8 插花作品的装饰方法

一、插花装饰的原则

插花装饰可以遵循以下几条原则:

1. 分清主次,有所侧重

就一套居室而言,客厅和餐厅是接待客人的主要场所,也是插花装饰的主要部位,而卧室、书房、卫生间是次要场所,插花布置时可适当少而简单。主要场所的插花用花可适当多一些或高档些,其他场所用花可适当普通些。在同一空间,如客厅中,茶几是整个客厅的中心,是插花装饰的重点,构成整个客厅的主景,布置时应重点考虑,而其他部位的插花布置构成配景。

2. 配置合理,布置均衡

插花装饰时,一定要考虑保持整个居室空间的重心稳定,力求布局上的均衡,使人感到既有安全感,又有艺术感。在插花的用花上,既要考虑迎合宾客的兴趣爱好,又要考虑艺术效果;在插花的体量上,既要达到热情迎客的气氛,又要做到与家具环境的协调统一。因此,在居室插花的装饰中,一般宜采用中小型体量的插花为主。

3. 色彩协调,因时而宜

在选择花材时,应该实地观察需要装饰的居室或场所的环境,如环境色调比较淡雅,则可选择颜色较深的花材;如环境色调比较浓重,则宜选择淡色系的花材。插花的色彩与周围环境力求和谐，因此花材颜色的选择就显得极为重要。不同的季节，花材的颜色选择有所不同。春夏时节，花色可淡雅一些，秋、冬季的花色可适当浓烈一些。此外，在花材的选用上，要考虑传统的或宾客的忌讳，如喜事中尽可能不用或少用白色和黄色的菊花等。

二、插花的装饰作用和方法

1. 插花的装饰作用

(1) 美化居室。插花是经过加工处理的艺术品，在形象、色彩等方面使被装饰的对象更为妩媚，这是插花装饰的首要作用。如居室结构出现的刻板线条、呆滞形体，采用插花进行点缀后就显得灵活多样；空白的墙面布置上壁挂式插花会更有趣味；家具中的多用柜在空格中布置一盆插花，可以打破柜子硬直线条的呆板；茶几上小巧的插花也可以发挥它点缀室景的作用。插花的色彩也常常左右着人们对居室环境的印象，白色的墙壁配上红色为主的插花，红白相衬，更显得主人热情好客和充满活力。因而，插花在居室装饰、美化中的作用日益引起人们的重视。

(2) 陶冶情操，培养艺术涵养。插花看似简单，实则是一门高雅艺术，是融合了植物学、文学、美学、色彩学、构图学等知识于一体的综合艺术。创作和欣赏插花的过程，也是提高自身文化艺术修养的过程。经常动手制作插花或欣赏插花，人们的情操可以得到一定的陶冶，还有利于培养对艺术的爱好，提高对花卉美的欣赏水平。插花在人类的文明建设中，也起着积极的促进作用。

(3) 表达情意，增进社交。大多数花卉都有其特定的含义，即“花语”，如松树表示延年益寿，牡丹表示富贵，百合花表示百年好合、吉祥如意等。人们可以利用花卉的这种寓意来传达自己的情意。如在欢迎、祝贺、慰问等场合可以送上一盆精致的艺术插花，以表达自己的情意和愿望，增加情趣。在日常的社交活动中，可以采用赠送艺术花篮、艺术花束等方式，不但能增进相互之间的友谊和感情，而且能使接受馈赠者感受到送礼者的艺术涵养，显得高雅大方，不落俗套。鲜花、插花作为礼品的出现，使社交活动的媒介在内容和形式上得以丰富和发展。

(4) 组织空间，改善空间结构。插花装饰在空间的组织和空间结构的改善方面也具有重要作用。如客厅与过道或餐厅之间一般用矮柜进行分隔，但是矮柜的线条比较呆板，如在矮柜上布置中型插花，则既起到分隔空间、改善空间结构的作用，又能起到装饰环境、美化空间、活跃气氛的作用。如果插花装饰与其他室内绿色植物装饰结合起来，其效果会更为显著。

(5) 插花装饰还是衡量宾馆饭店档次和各种活动的重要性标志。在一些星级宾馆饭店中，插花的应用相当普遍，星级越高，鲜花和插花的使用就越多，尤其在宾馆饭店的大堂、咖啡厅、客房等部位更少不了插花和鲜花。这是衡量宾馆饭店星级的一项重要指标。在一些外事接待活动、重大庆典活动场合中，插花的使用情况是衡量该项活动重要性和档次的一项客观标志。

2. 插花的装饰方法

一般来说，插花装饰时可从点、线、面三方面来考虑。

(1) “点”上的插花装饰。即在居室的活动中心(如客厅的茶几)或大型活动场所的入口处用插花进行布置装饰。插作品的体量根据场所的空间大小而定。家庭装饰一般采用中小型的插花为宜，过大与空间大小不相称，过小则达不到装饰的效果。因而，插花装饰过程中一定要确定1~2个重点部位进行重点布置，才能突出重点，达到插花装饰的艺术效果。

(2)“线”上的插花装饰。即居室的过道或大型活动场所的主席台、讲台及四周的辅助桌面的插花布置。这些部位的装饰用插花一般比较低矮，或布置成线状、带状，如大型会议主席台的插花都较低平，主要避免遮挡视线。一些冷餐会、自助餐桌面的插花装饰均采用条线形桌面铺花的方法，并适当布置一些中小型的插花，以渲染热闹的气氛。

(3)“面”上的插花装饰。一般在大型酒会、展览会、演出舞台的装饰中，由于可以利用的空间比较大，因而大部分均采用平面或立面的形式进行插花装饰，用花量比较大，色彩斑斓，五彩缤纷，更能烘托隆重热烈的气氛。如大型酒会的餐桌插花，布置在中间转盘上的插花都是平面型的，转盘周围的台面铺上零碎的小花和绿叶加以点缀，显得格外庄重热烈。

随着时代的进步，人们欣赏品位的不断提高，为插花应用开拓了更为广阔的空间。

三、根据环境的不同，插花布置的手法和要求是有区别的

如展览馆、宾馆大堂、会议室等大型公共场所，以西方式插花或现代自由式插花为主，要求体量大、数量多、色彩丰富。如居室等小型空间范围，则以东方式插花为主，只需少数小体量的插花作品点缀，即可起到锦上添花的作用。

1. 展览馆插花布置

这种场合的插花布置，首先是区域划分，因参展单位众多，若无指定场所和地段，不但给布展造成混乱，而且参观者也难觅自己钟爱的展品 。如在深圳高交会馆举办的“首届中国国际插花花艺博览会”，组委会按参展对象不同，分境外展区、省(区)市展区、宾馆饭店展区、花店业展区、切花产品展区、押花作品展区、家居布置展区、中国插花花艺史展区等八个区域，使布展者和参观者一目了然。其次是空间补白，展馆留一定的空间是需要的，但放弃空中、墙面等可利用的场所是一种浪费，或者说是一种不够到位的布置。

2. 宾馆大堂的插花布置

插花能为宾馆舒适的环境平添几分热情、优美和高雅，使客人有宾至如归的感觉。大堂插花因等级不同，以及平时和节日接待档次不同，其布置手法和要求有所区别。原则上要求布置在大堂中央、几架和花器上；造型以规划的几何图形为主，常见的有圆形、半圆形；花材新鲜、色彩丰富、花朵大而艳丽；体量较大且可四面观的西方式插花。若大堂是按中国传统的民族特色来装潢布置的，则插花形式必须要与之相协调，否则，不伦不类，会给客人以别扭的感受。至于大堂副理、吧台、收银台、总台等处的插花以插花小品布置为主。近几年来，流行仿真人造花插花，它鲜艳、明快、亮丽、逼真，可达到以假乱真的观赏效果。

3. 会议室插花布置

会议室插花布置的形式以低矮、匍匐形，宜四面观赏的西方式插花为主，在沙发转角处或靠墙处茶几上也可用东方式插花。无论哪重插花形式，一是花要新鲜、艳丽、盛开；二是花无异味或浓香；三是花的高度切忌遮挡与会者发言或交谈的视线。插花的规格依会议的级别而定。一般会议只是在主席台或中间(圆桌会议)插制一至数盆不等，而高级会议在一般会议布置的基础上，不但花要高档，而且数量也要增多。如签到处、贵宾休息处、会议室四角等处都应布置。

4. 居室插花布置

随着人民生活水平的提高和居住环境的改善，人们已不满足在风景区赏花，而要把大自然的绿色和鲜花带回家，用它们来美化居室，装饰生活环境，丰富日常生活。居室摆上 1～2 盆插花，可使居室充满生机。同时通过自己动手布置，可以调剂生活，陶冶情操。所以插花越来越受到大家的喜爱和青睐，正慢慢地走入千家万户，成为美化居室不可缺少的一部分。

5. 客厅的布置

一般来讲，客厅是家庭中最大的一个空间，是主人休息和会客的地方，插花的风格宜选择西方式插花。这种风格的插花，用花的数量较多，一般以草本花卉为主，如香石竹、非洲菊、唐菖蒲、百合、玫瑰等，形式注重几何构图，比较多的是对称型插法，常见款式有半球形、椭圆形、三角形或扇形，色彩力求浓重艳丽，营造出热情、友好的待客气氛，花色的搭配，常采用的是几种颜色的混用，给客人以春天般的五彩缤纷之感。插花宜摆放在茶几中央，其大小一般来讲是茶几桌面积的四分之一较为适宜，高度在 40cm 之内，以不挡住交谈者彼此间视线为宜。插花要四面均可观赏，形状多为半球形、椭圆形等，如茶几是靠墙摆放，插成单面观赏即可，可高大些，形状多为三角形或扇形。

6. 书房的布置

书房是主人看书、学习的地方，空间范围不大，宜布置东方式插花。这种风格的插花，使用的鲜花不多，只需几支鲜花，再配以绿叶，便能产生一种很好的观赏效果。造型较多运用青枝绿叶来勾线，作框架，常用的有藤蔓、小竹、水蜡烛、银柳、针葵、松枝等。造型构图讲究简洁明快，一般采用三主枝构成不等边三角形的定位，花色朴素大方，不宜艳丽，一般只用 1～2 种花色即可，简洁明了，常用的花有菊花、马蹄莲、梅枝、荷花、水仙等，再配以绿叶。

7. 卧室的布置

卧室的空间较小，不宜布置西方式插花，以东方式插花较恰当。但更多的是采用一种随意的插花方式，从花店里购来一种或几种鲜花，往玻璃瓶等容器里放入即可，或一把玫瑰，或一把满天星，以单个品种配以少许绿叶为宜。

8. 厨房的布置

环境较为特殊，做饭时产生的煤气、油烟味和较高的温度等因素对鲜花极为不利，但有情趣的家庭主妇不妨将买回来的蔬菜和水果，在消费它们之前，进行巧妙的组合和搭配，能创作出一件别具匠心的果蔬艺术品。

9. 餐桌的布置

餐桌是供主人用餐的，布置的鲜花应无刺、无异味、无病虫害痕迹。宜选 1～2 朵鲜花配以绿叶和满天星，用瓶插即可。有条件的话，布置可精巧些，用一白色台布作铺垫，上摆 2～3 瓶形状各异的洋酒和酒杯，点缀一些亮丽的水果诸如葡萄、芒果、柠檬等，再配以少许绿叶和鲜花，使餐桌的布置别具匠心。

10. 墙体的布置

居室布置中的墙体装饰被人们越来越重视，除悬挂风景画、挂历、布艺作品等外，用干花装饰与点缀正被大家慢慢接受。墙体作品一般悬挂在较高处，适应仰视，若用鲜花布置，给制作、固定、浇水、调换等带来诸多不便。干花不用浇水，管理方便，且不需要调换，加之干花可以达到以假乱真的效果，特别是仿真花，更是逼真，所以用干花装饰墙体正渐渐流行开来。

3.6 压花装饰技艺

3.6.1 压花的含义

压花是利用物理和化学的处理方法,将植物的花、叶等压制成保持原来形态和颜色的平面花材的过程。

压花艺术是将采集到的花、叶、草处理后,压制成保持原来形态和颜色的平面花材;并用这些花材经过设计构思,细心粘贴制作成各类艺术品。

压花艺术作品有各种形式,设计构思、图案造型有多种多样,所选用的花材无穷无尽,压花艺术最大的特点就是源于自然,回归自然。大自然中有那么多的奇花异草,压花艺术就是要人们能够更好地认识大自然,留住大自然,让大自然创造的美丽,经过人们的双手永远留在世间,永远引起人们最好最美的回忆。

压花艺术作为一种花卉装饰具有以下特点:

一、压花艺术是一项大众艺术

压花艺术的技巧和制作方法简单易行,男女老幼皆宜,不需要有特殊的才能。只要通过学习,掌握基本技法,就能独立制作出一件件艺术品。

二、表现直观

因为压花作品都是平面形态,直观感强,表现手法明快、活泼,一目了然。

三、真实性强

压花作品都是用真花真草制成的,有路边的小草、原野上的小花,都是真实的材料,给人一种亲切的感觉。对不会画画但又喜欢美术的人来说,这是一种极好的艺术形式。画花、画草、画叶,画好了不容易,而压花艺术使用的都是真花真草,不用去画,直接展现在你眼前,不存在画得像不像的问题,而是真实地表现植物本身,真实地再现大自然,是真正的花的艺术。一片小叶,一朵花,上面有一个被小虫咬的小洞,用它来制作成压花花材,贴在卡纸上,多么真实,多么有情趣。有时画家就是刻意要画这样一片被虫咬的小叶,那个小洞要画得很逼真,真要有点儿本事。可一张真的有小洞的叶子,作为艺术的素材,平贴在画面上,又真实,又容易得到,压花艺术就是这样真实地再现大自然的。

四、压花作品轻巧、携带方便,又可作为增进友谊的极佳礼品和家庭装饰品

压花作品一般都用卡纸作底衬,制作一些花卡、书签、压花画,进行作品的展示或交流也很轻巧方便。想要把自己的作品送给亲朋好友,真花真草献真情,亲手制作情义深。买的礼品总不如自己做的,包含着深深的友谊。

压花作品也非常适合家庭装饰。在书房、卧室、客厅挂上几幅压花画,这些用自己采到的花草植物制作成的一件件艺术作品,给家居平添一份乐趣。在欧美国家,人们特别欣赏在家中能有自己动手制作的装饰品,这才有一种做家居主人的感觉。

五、压花艺术具有品位高、典雅和谐的艺术风格

在 19 世纪中叶的欧洲，压花艺术为少数上流社会的皇亲贵妇人所喜爱，制作一些精巧的小作品互相欣赏、互相切磋，是一种有身份、有地位、有教养的上流人士才能消遣的活动。压花艺术包含了美学、文学、自然科学等内容，使自身更加充实典雅，具有很高的品位。一件作品反映出作者的艺术感、美学观念及对生活观察的积累，还能表现出作者的品质、修养和文化内涵。一幅制作精巧、设计漂亮的压花画，配上一首诗，或一篇书法，或一个乐谱，诗托画，画依诗，花叶中间又扬起一首首柔和的乐曲，花艺和诗歌、书法、音乐完美地结合在一起，将呈现出典雅和谐的艺术风格。

3.6.2　压花花材的选择与采集

一、压花花材的类型

压花艺术常用花材根据在作品中使用的性质可分为三大类：团块状花材——图案中的主花；线形花材——表现作品的线条感；填充花材——弥补空间，点缀画面，充实作品。压花艺术使用了大量的叶片、枝茎、花蕾，使作品更有动感、更活泼、更亲切。有的作品可以以叶片为主，不配花，或少配花，更好地表现绿色的主题。

压花艺术所用的花材，根据使用类型介绍如下：

1. 团块状花材

团块状花材一般使用花形较大，单朵的，呈团块状，在图案中占有较大面积，而且有份量感。作为设计中的主花，其能增加作品的视觉效果，表现作品的量感。常用的团块状花材包括我国特有的名贵花卉牡丹、芍药，经过精心制作，也可作为高档次的团块状花材。还有三色堇、香雪兰、紫罗兰、二月兰、黄(白)晶菊、天竺葵、蛇目菊、美女樱、月季、扶郎、石竹、香石竹、八仙花等花卉。

2. 线型花材

线型花材沿着枝茎长满花朵，有一定的长度，可表现线条感，使设计的图案有所需的高度和宽度。使用线型花材，使花材的搭配更和谐，使作品的图案更有舒展的动感，枝茎自然长成的优美线条，给作品增加活力，如葡萄卷须、各类蕨叶、胡萝卜叶、蕾丝叶、野牵牛、苜蓿草、情人草等。

3. 点缀填充画面的压花花材

点缀填充画面的压花花材包括丁香、麻叶绣线菊、红蓼、毛茛、婆婆纳、矢车菊、迎春花、蕾丝等花材。此类花材花形小，具有轻飘感，在作品中虽然占有很小的位置，但作用明显，往往在作品设计快完成时要用这些小花朵，放到重要的位置，能起到画龙点睛的作用。

以上是根据花材在作品中使用的性质来分类，并都具有各自的特点。

二、压花花材的特点

自然界中的大部分花草都可用于压花。压花艺术有两大特点：其一是展示花材在形、色、质、体、势等方面的天然之美，其二是表现作者的巧妙构思和艺术创造及粘贴技法等。鉴于上述特点，当我们在选择花材时，首先必然会考虑它们在形与色、质与体等方面的特点。在选择压花花材时，具有以下条件者应是我们的首选：

1. 形状美观、色泽鲜艳、富于变化

例如,有很美的花蕊,花蕊与花瓣有不同的颜色,有的花、叶本身具有美丽的渐变色,花瓣、叶体的形态、肌理富于变化等。花材经压制后,形与色都能保持稳定,甚至朝更美丽的方向变化,出现令人惊喜的纹理或呈半透明及幻彩色等,如多色月季、八仙花、芍药、昙花等。

2. 厚度适中

过厚的花材如玉兰、马蹄莲、晚香玉等,因其水分多,压制过程长而易变色;具有较厚的腊质或革质的花材如松、柏、冬青等常绿树树叶,既易褪色又过厚,与一般花卉厚度不匹配。花材过薄则在压后的操作过程中易破碎。通常,草花与落叶树的叶、茎较薄,柔韧而不脆,比有些常绿灌、乔木的叶茎更适合做压花。但不少木本植物的花也是很好的花材,如樱花、海棠、石榴花等。厚度适中的花材经粘贴、覆薄膜后,会凸起于表面给人以质感,有浮雕般的视觉效果。月季、八仙花以及许多草花都是很好的压花花材。

3. 造型美丽

一般选用纹理、形态婀娜多姿,富有变化,细腻、飘逸、生动、有灵气等可爱的特征,或具有符合自己设计需要的特型花材。

4. 保色性强

花材中有的保色性强,有的却较易褪色或褐变。应尽量选用易于采集又不易褪色褐变的花材为宜。

5. 干净新鲜

压花花材应是新鲜、无露水和未经洒水的。若花卉表面有水珠,可暂时插在放水的容器中,等花材表面的水干后再压制。已发蔫、枯萎的花材不宜用做压花。

压花艺术所用的花和叶,都是经过处理压制的,都是很平整的平面状态,所以压花艺术所用的花材,又简称为平面花材,都是平面一片一片的,而不是立体一朵朵一张张的。

三、常用于压花的花卉材料

鸡冠花:苋科,一年生草本。花期为8~10月。花色有紫红、深红、粉红、淡黄或乳白色。作为压花花材,最好选用紫红、深红和粉红。将穗状花序撕开,一穗一穗地压制,否则太厚,太大。在压花作品里可作为线型花材。

一串红:唇形科,多年生草本。花期一般为7~10月,现已有早培品种。花色有鲜红、白、粉、紫等色,常见为鲜红色。只用花萼,整压或撕成两瓣压制。在压花作品里可作为填充花材。

金盏菊:菊科,一二年生草本。花期为4~6月。花为金黄色或金红色。压制时将花的基部去掉,因花序较厚,压制时要注意适当加大压力,压后花的颜色更为漂亮。在压花作品中为团块状花材,更适合做压花画。

雏菊:菊科,多年生草本。花期为4~6月。花色为白、粉、紫、粉红等颜色。压制时将花的基部去掉。在压花作品中为团块状花材,适合做压花画。

三色堇:堇菜科,多年生草本。花期为4~6月。又名猫脸、蝴蝶花。花色有多种,黄、白、紫、紫红为多见,也有蓝色、深黄色。花瓣有花纹,像猫的眼睛和胡须。在压花作品中用作团块状花材,可做压花画,小采花可做各种花卡。

美女樱:马鞭草科,多年生草本。花期为6~9月。美女樱花朵小巧但很美丽。花有红、粉、白、蓝、紫等不同颜色。在压花作品中，花朵大的可做书签的团块状花材，小朵花适合做点缀填充花材。

飞燕草：毛茛科，一二年生草本。花期为 5 ~6 月。飞燕草的花形像一只只欲飞的小燕子，虽然不是平面形态，压制时需整理花形，但压后的形状很好看，有单瓣和重瓣。花色有蓝、紫、红、粉、白等颜色。在压花作品中常用做主花，适合做压花书签、压花卡、压花画等。

矢车菊：菊科，一二年生草本。花期为 5 ~10 月。矢车菊的花色有蓝、紫、粉、红、白等颜色，作为压花花材使用。只选取花序上漏斗形的小舌状花，在压花作品里作为很好的点缀填充花材，花虽小，形态颜色都很好。

茑萝：旋花科，一年生草本。花期为 5 ~9 月。茑萝是一种爬蔓植物。花色为红、黄、白色，花的形状像一个五星形的小喇叭。在压花作品中用于点缀填充花材，压时一定要将五星形压成平面形态。

耧斗菜：毛茛科，宿根花卉。花期为 5 ~6 月。耧斗菜的花型呈钟状。花色有蓝、紫、红、粉、白、浅黄等色。压制时要用手指掐住花心，使其变成平面状态，压后才有好的形状。在压花作品中，可作为主花，适合连花枝一起做压花画。

霞草：石竹科，多年生草本。花期为 6 ~8 月。霞草又名满天星。花白色，很多小花组成散状圆锥花序，星星点点，俗称满天星，又似一片白色霞云，取名为霞草。要经过处理后压制，在压花作品中，做为点缀填充花材。

薄荷：唇形科，多年生草本。花期为 7 ~8 月。薄荷花小，密生在叶子间。花有白、紫、红、黄等色。压制时，取长约 10cm 的全株或上半部分整体压制。在压花作品里作为线型花材，适合做压花画。较短的花枝也可在花卡中使用。

唐松草：毛茛科，多年生草本。花期为 7 ~8 月。唐松草的花较小，散状，花为白色。压制前最好先进行染色，连枝压制，在压花作品中作为线型花材。可做点缀填充花材。

水仙：石蒜科，多年生草本。水仙有单瓣重瓣，花色为白色，花心有碗状黄色的花冠。压制后，花瓣会变得很薄，有些透明。在压花作品中，用于书签或小花卡可作为团块状花材，如用于压花画，则可作为点缀填充花材。

水仙品种较多，除常见的中国水仙外，还有引进的洋水仙，花朵较大，压制效果也较好。

郁金香：百合科，多年生草本。花期为 3 ~5 月。郁金香品种较多，花色也很多，有红、白、粉、黄、紫及带斑纹等颜色。花形为长圆杯状或短圆碗状。压制时要将其沿花瓣切开，分瓣压制，茎叶也同时处理后压平。只适合于做单株的压花画或与其他花材合做大型的压花画。

苜蓿：豆科，多年生草本。花期为 6 ~7 月。苜蓿花为黄色或紫色。压制时选刚开时间不长的整体花穗，也可带些花枝或花叶，在压花作品中为线型花材。

瓜叶菊：菊科，多年生草本。花期为 12 月至次年 5 月。瓜叶菊的花色很多，有红、粉、紫、蓝、白及各种杂色，有大花和小花两种。压制时，要将基部去掉，加大压力，迅速干燥，否则会变色。蓝紫色色素较稳定，压制后不易变色。在作品中，可用做团块状花材，在压花画中，可做点缀填充花材。

报春花：报春花科，宿根草本。花期为 4 ~10 月。报春花有白、粉、红、蓝、淡紫等颜色。花小，平面形态，花瓣较薄，压制时选取花形大、花瓣稍厚的，在压花作品中，作为点缀填充花材。

香豌豆：豆科，一二年生草本。花期视各地的气候而不同。香豌豆为爬蔓攀援植物。花色为白、粉、红、紫、黄等颜色。因其花枝枝节及顶部有自然卷曲的花纹，形态线条较有自然美。压制时，选较粗壮、有花、有须、有叶的枝茎整个压制，适合做压花画，作为线型花材。

君子兰：石蒜科，宿根花卉。花期为春节前后。君子兰花为漏斗型。花色有橘红色、红色。压制时，需将花从中切开，或将小一些的花整体压。适合做压花画。属于特型花材。

非洲菊：菊科，宿根草本。花期为5~6月及9~10月。非洲菊又称扶郎花，花色有红、粉、黄、金黄、白等色。只取其花瓣进行压制，在压花作品中，细长的花瓣既可在书签等小作品里作为线型花材，又可在较大作品里做点缀填充花材。

香雪兰：又称小苍兰鸢尾科，球根花卉。花期为2~3月。小苍兰花型似漏斗或呈钟状，花朵成一串，偏生一侧。花色有白、红、粉、艳黄等颜色。有一股袭人的香气。压制时，先将大朵花剖开压制，小朵花或花蕾整压枝顶部连花蕾和枝一串压制，注意保持原有的自然弯曲形态，多用于压花画。

香石竹：石竹科，多年生，常绿亚灌木。花期长年都有。香石竹又名康乃馨，花色繁多。有红、白、黄、紫、粉及各种杂色，有一股清香之气。花瓣为重瓣，有波纹形的边，花萼为钟筒形，端部5裂。压制时，将花朵剖开，花瓣散压，花萼及枝茎、叶也都单压；压制后，再将花瓣、花萼、花枝、花叶按原花型重新组合。适合做单幅单朵的压花画，也可与其他花材组合，为特型花材和团块状花材。单瓣使用也可作为点缀填充花材。

倒挂金钟：柳叶菜科，多年生灌木。花期为7~9月。倒挂金钟花型优美，倒垂的花朵像一个个小金钟或小铃铛，花萼4裂反卷向上。四片花瓣向下垂，花蕊较长伸出花外。花色有红、白、紫红等颜色；有时花萼为白色，花瓣为红色，或反过来，花萼红色，花瓣白色，或都同色。压制时，看好造型整朵压，加大压力迅速干燥。在压花作品中，为特型花材做主花，适合做压花画。压后立即使用，存放时间过长，易变色。

叶子花：紫茉莉科，多年生灌木。花期为6~9月。叶子花又名三角花，花小，淡红色或黄色。有3枚大形的苞片，呈紫、红、橙、白等色。压制时，取用3枚苞片，在作品中将苞片作为叶片使用，增加色彩。

蟹爪莲：仙人掌科。花期为11~12月。蟹爪莲花瓣数层，花色为浅紫红色，花瓣较薄，花为长筒状。压制时，可整朵压，也可从中剖开压。在压花作品中，为特型花材，常用于压花画和装饰品用。

百日草：菊科，一年生草本。花期为6~10月。百日草的花瓣扁平椭圆形，花色有白、黄、红、粉、橙等颜色。压制时，取其众多花瓣单片压制。在压花作品中作为点缀填充花材。

腊梅：腊梅科，落叶灌木。花期12月至次年2月。腊梅花有浓香，花色为蜡黄，花心中间有的有暗红色，寒冬腊月开花。压制时，选用花心有暗红色的为最好。在压花作品中可作为点缀填充花材，也可和桃树皮组合做成类似国画的腊梅图。

月季：蔷薇科，多年生常绿灌木。花期为5~10月。月季花为常见品种。花色繁多，有艳红、艳粉、粉红、粉、白、黄、艳黄、淡紫、紫红等多种颜色。压制时，将花从中剖开，单片压制。适合将花瓣重新按原形组合粘贴成压花画。

蔷薇：蔷薇科，多年生灌木。花期为5~6月。蔷薇花重瓣，花型较小。花色有白、粉和深红色。压制时，选用刚刚盛开的整朵压，加大压力使其迅速干燥，深红色压制后不易变色。在压花作品中，为团块状花材。

迎春花：木犀科，多年生灌木。花期为 2～3 月。迎春花是春季最早开花的植物，花色为黄色，花为小喇叭状。在压花作品中，为点缀填充花材。压后即用，不要存放时间过长，以免褪色。

连翘花：木犀科，多年生灌木。花期为 2～4 月。连翘花与迎春花相似，花瓣比迎春花稍厚。花形不如迎春花好看，在压花作品中为点缀填充花材。

石榴花：石榴科，多年生灌木。花期为 6～7 月。石榴花有单瓣和重瓣，花色有白色和火红色。压制时，可单瓣压或整朵压，选用火红色，压后仍保持原鲜艳的火红色。在压花作品中，作为主花或点缀填充花材。

珍珠梅：蔷薇科，多年生灌木。花期为 5～10 月。珍珠梅为大型密集圆锥型花序，其间一小朵一小朵五瓣花像白梅。花色为白色。压制时，需先将花枝进行疏花，吸色后再进行压制。压后犹如红梅、绿梅、黄梅。在压花作品中，既可作为线型花材，又可单朵小花使用，作为点缀填充花材，还可单独和桃树皮组合，制做成像红梅花图等有国画风格的压花画。此花最常用，效果极好。

马蔺：鸢尾科，多年生草本。花期为 6～7 月。马蔺又称马莲花，似兰花。花茎高 10～30cm，花瓣细长，花为蓝紫色，叶片狭长。压制时花与茎一起压，压时整理好花的形态，再压几片叶，适合做有飘逸感的压花画，是很好的线型花材。

猬实：忍冬科，多年生灌木。花期为 5～6 月，似锦带花，但花形小。颜色浅粉色至紫色，聚伞花序，生于侧枝顶端，花冠钟状。盛花季节，枝梗上开满了小花，非常好看。常用作点缀填充花材。野生和人工栽培相同。

以上是对压花作品中常用花卉的简单介绍。压花所用平面花材有特定的要求，尽管有些花非常漂亮，色泽艳丽，但不一定适合作压花材料。比如，白玉兰、紫玉兰、唐菖蒲（又称剑兰）、马蹄莲，这些花有的花瓣太厚，有的花瓣太薄，有的花瓣是肉质的，有的花型不适合做压花；有的颜色很鲜艳，但压后很难保持原色，或变色或褪色变成透明的。

二、可做压花材料的叶材

叶材品种非常多，常见的和常用的各种叶材种类有：

榆树叶：榆树叶椭圆形，有清晰的叶脉及边齿，有的长，有的圆。在压花作品中适合用于圆形、椭圆形、正方形、长方形等图案。能较好地表现作品的宽度和明显的份量感。小的叶片还能起点缀填充的作用，只能正面使用。

刺槐树叶：刺槐树叶是典型的椭圆形，有的有明显的叶脉，无边齿。横用与串红组合，能有荷叶和荷花的效果，常做荷花图，只能使用正面。

绣线菊叶：绣线菊的品种很多，其叶都可使用。其叶片为扇形，有较明显的边缘轮廓，几片叶连在一起，很有自然情趣。压制时，可取单片叶压，也可取有好几片连在一起的小枝整压，这样在使用时更自然，有更丰满的视觉效果。

蔷薇叶、月季叶、黄刺玫叶：一般选取春天刚刚生长不久的小叶。这三种叶形态好看，卵形；叶片边缘有锯齿，还有明显的叶脉。压制时，大片压；使用时，可用整片也可用小片，只能正面使用。若想取得圆形、椭圆形的轮廓效果可选用此叶。

五角槭树叶：此树叶呈掌状，五裂，有些像枫树叶，有较深的叶脉。压制时，选取小形嫩叶。在压花作品中适合做下垂形图案及表现叶片为主题的设计。

枫树叶：枫树叶也呈掌状，有五裂也有三裂。压制时，不要用老叶和太大的叶子。可用绿叶，也可处理染红后再用。秋天掉落的红枫叶也可压制，但因其已是老叶，较厚，不太适宜作压花叶材，而更适合作干燥花的叶材。在压花作品中，红色枫叶本身就是“深秋红叶”、“霜叶红于二月花”的最好主题。

银杏树叶：银杏叶因其树为世界珍贵树种——古老植物的活化石而深受人们的喜爱。银杏叶本身形态也好看：扇形，春绿，秋黄。在压花作品中，最好选用小嫩叶，否则叶片较厚，制出的效果不太好。

铁线莲：铁线莲的品种也较多，尤以宽萼铁线莲（又称高山铁线莲）、大瓣铁线莲的叶子造型好看。其叶为掌状二回三出复叶，叶柄上有狭卵形3片小叶，叶端急尖，叶片边缘有粗锯齿，有一种流畅的线条美，适合做各种花卡。铁线莲在我国北方山区海拔600～1000m的山沟、路边都有生长。压制时，采用较小的翠绿色叶，避免采用老叶、小嫩叶。

唐松草：唐松草的叶为三至四回三出复叶，小叶倒卵形，似圆形或菱形，有3个浅裂纹，像花瓣。此叶适合制作压花画，少用老叶压制。

蛇莓叶：蛇莓匍匐于地面，其叶为三出复叶，小叶卵形或菱状卵形，叶端近圆形，叶边缘为缺刻状锯齿。复叶排列整齐。在压花作品中常形成三角形、圆形、椭圆形图案。

委陵菜：委陵菜的品种较多，其叶形大同小异。主要区别在于叶片的羽状深裂条纹及裂片三角状披针形的差异。有的叶片反面为白色，这样品种的委陵菜又称翻白草，叶片正反面一绿一白，压制后白色变为灰白色，为作品又增加一个色彩。委陵菜叶可分成小叶片使用，有很好的线型效果，特别适合做长方形直立图案。

竹叶：竹子的品种也很多，无论是哪种竹子，都要选用叶型好看、大小适中的稍嫩些的叶子。竹叶适合作国画风格的压花画，或与其他花材配合，表现优美的线条感。

香菜及芹菜叶：香菜、芹菜这两种大家常吃的蔬菜，它们的叶子在压花作品里也可使用。香菜叶小叶薄，造型小巧，芹菜嫩叶花形叶片，青绿好看。

蒿子及野菊花叶：蒿子的品种也较多，哪一种都可以采用。和野菊花的叶子一样，裂片多且深裂，这样在作品中的线条多，适合与线条少的大型花——如野罂粟配合，否则在画面中显得线多杂乱。

紫花地丁：紫花地丁俗称二月兰，其叶片狭长，椭圆形，很像鹤望兰的叶子。连花及花蕾和叶子全株整压，有极好的自然效果。在压花作品中特别适合那种模仿植物自然生长的图案设计。有花、有叶、有茎、有花蕾，又是一个整体，很自然，还有些像中国兰的效果呢。

虎耳草：虎耳草的叶片呈宽卵形，边缘有小齿纹，在作品中常用于压花画，也可和串红组合，有荷叶的效果。小一点的叶片也常在花卡和书签中使用。

棣棠叶：棣棠叶卵形或三角状卵形，叶端渐尖，叶片的边缘有明显的深锯齿，叶形舒展大方。选中、小型叶用在压花作品中，可用在书签、花卡、压花画、台布等多种作品中，叶片连用，还能有很好的线条感。

苜蓿叶：苜蓿叶像三叶草，叶柄上长有3个小倒卵形的小叶，中间小叶稍大，两侧叶小叶边有锯齿，其叶小巧，三叶在一起。常用在花卡和压花画中。

爬山虎叶：爬山虎的品种也较多，其叶形大同小异，叶宽卵形，通常 3 裂，基部心形，叶片边缘有粗锯齿。选用小型叶压制，压后往往变成红紫色。在压花作品里，多片集中使用，以突出叶片的美。

铁线蕨叶：铁线蕨直立而开展，其中 2 ~3 回羽状复叶，叶形变化较大。小叶片多为扇形，浅裂至深裂，叶脉扇状分叉，整枝使用，又似画中的水草。常用在压花艺术的各种作品中。

卷柏：卷柏主茎直立，顶端丛生小枝，小枝扇形分叉，辐射展开，叶二型小，侧叶披针状钻形，中叶两行，卵状披针形。压制时，采用枝形好看的嫩绿整体。压花作品中常为线型叶材。

葎草叶：葎草叶又称拉拉秧，是一种爬蔓匍匐植物，生长力极强。叶形为掌状 5 裂，多采用中小型叶片压制，同时带须蔓的茎尖连小叶片一起压制，是压花作品中很好的线型叶材。葎草叶压制后仍保持鲜绿色，有时代替葡萄叶，做下垂型图案；或设计成葡萄蔓和丝瓜架的乡村田园小景压花画。

小芒草、小茅草叶：屋前房后路边及绿化草坪中都有各种各样的小芒草、小茅草，整株压制会有很好的效果；细长的有天然弧度弯曲的线条，在压花作品中会取得飘逸摇曳的动感。

以上简单地介绍了压花艺术常用的花材和叶材，这只是很少一部分，特别是叶材。压花艺术所用的花材、叶材没有局限性，只要造型好看，适用于压花作品中，都属于压花作品的材料。

三、花材的采集

采集植物的花和叶，如果是用自己栽培的、买来的或房前屋后的，就简单省事得多；如果是到野外山林中去采集植物，就比较辛苦，但是能够从中享受到采集时的乐趣和愉悦。

1. 采集植物的准备工作

到野外去采集植物，要准备以下工具：

塑料袋若干：盛装采集的花和叶。

剪刀：剪枝和整理花叶用。

橡皮筋：扎捆塑料袋用。

染料及器皿：准备吸色用的染料及装染液的瓶与杯。

小水桶：里面装上一些水，若采剪带花叶较长的枝条时，泡在水桶里，以免凋谢。

2. 识别和选择植物的花和叶

野外有各种各样的花草植物，有的认识，有的叫不出名字，有的根本没有见过。没关系，认不认识不要紧，叫不出名字，采集压制后，再去查找资料。最要紧的是要用眼睛去搜索，识别哪些适合做压花花材，哪些叶片造型好看，哪些叶片太厚，选择适合做压花花材的花和叶。

3. 适合做压花材料的花和叶的特点

综上所述，采集制作压花材料的花和叶，要先进行识别和选择；否则无标准地去采集，压制后不能使用，造成浪费。

4. 采集植物的时间

采集植物的最好季节是气候干燥的春季和秋季。从 4 月开始，繁花盛开，记住每种花的盛花期，不要错过采集时间。多雨潮湿的高温天气不要采集花叶，否则造成霉烂。

一天中，采集植物的时间为上午8~10点，下午4~5点。早晨、中午和晚上不宜采摘。早晨，花朵和叶片有露水，压制时带有过多的水分；中午，太阳照射强烈，花叶都有些打蔫，不舒展，压制后形状不好；晚上，花叶都要休息，没有精神的花叶压制出来也不会有好的效果。采集花朵时，把握好时间很重要。要选刚刚开放、强壮、舒展的，还未全开或已快凋谢的花就不要采了。

5. 花草叶的采集方法

掌握正确的采集方法，省时省力，避免浪费花草。

花的采集方法：选好将要采摘的花后，从花的基部掐下来；若要连花茎压制，目测好长度，用剪刀剪断；如果采集的是准备吸色的花，那么就要连同花枝、花茎一齐剪下来；如选中整株的植物（只能是小型草本花），那就要从根的地上部分剪断，连同花、叶、茎、花蕾的整体采下来。

叶的采集方法：如果采集的是草本植物，选择好理想的叶片，从基部采取，注意不要将整株都拔去；采集木本植物的叶时，也是需要哪些叶采哪些叶，尽量不要连枝剪下来；如果是带蔓和带须蔓的植物，选择好看造型的部分，带叶带蔓带须剪下来。

6. 采集时的注意事项

如果到野外去，要注意安全，尽量不要到较深、较远的山林里，避免受到动物的伤害。采集植物时，一定注意不要连根拔掉，只采取需要的根部以上的地面部分。要保护野生植物资源，不要造成破坏。采集木本植物时，有时可以剪下一些叶枝，但不要剪得过多过长，也要注意保护树木。不同种的花和叶不要放在同一塑料袋中，以免压制时翻找，影响花叶的质量；同时，避免塑料袋受热。到野外采集花叶后，是现场直接压制，所以压多少采多少，不要一次采得过多，以免压不完，造成对花叶的浪费。如果需要采的是叶枝，那么采后立即放入装有清水的水桶中，将桶置于树荫下，避免阳光的直晒。让枝叶仍保持新鲜强壮。如果采的是需要吸色的花枝，那么在采前准备好装有染料溶液的器皿，采下的花枝立即插入染液中，置于荫凉的地方，一次也不要采太多，以免压不完。装有花叶的塑料袋用橡皮筋扎紧，保持袋中的空气和水分，保证花叶的新鲜。

3.6.3 压花花材的加工方法

一、花叶的压前处理

采集好花叶后，就必须立即进行压制。在压制前，有些花叶要经过保色和染色的处理。

（1）将塑料袋打开，把花和叶倒在一张干净的报纸上，整理花或叶。如果是带茎的花枝，按花头顺序，迅速整理成一束束的，用橡皮筋或细尼龙绳扎住（不要太紧）。

（2）有些花是白色的，压制后就会变成黄褐色，有些花的颜色在鲜活状态时非常漂亮，但压制后会褪色，为解决这一影响花材质量的问题，就需要给花进行染色。

（3）有些叶片压后也会变色，有时也要进行压前的保色处理。在野外压制时，不具备处理的条件，所以在野外进行作业时，只需将叶片直接迅速压制，迅速干燥，就能使叶片保持好的色彩。

（4）找一块荫凉没有风的地方，准备进行压制工作。从采集到压前处理再到压制，都要迅速进行，以免影响花叶的新鲜状态，能够保证压制的顺利进行。

二、叶的压前染色及保色方法

有些花叶在压制前需要进行染色和保色，以保证压后的花材有鲜艳的色彩。有些国家和地区，采用压后花材染色或涂色，这种方法麻烦，颜色不真实，但花艺爱好者也可以进行尝试，具体方法将在后面介绍。通常采取一些物理和化学的方法，对花和叶进行保色、发色和染色。

1. 叶片的保色处理

有一些叶片的叶绿素较稳定，压后不易变色；有些植物的叶片压制后，会褐变，变成难看的黄褐色。

像蕨类植物及榆树、洋槐树叶等，不用进行保色处理，直接压制效果就很好。有些如野菊花叶、蒿子叶、荆条叶，压后易变色，为了保持原有的绿色，可进行保色处理。

叶片的保色处理一般常用的方法是用硫酸铜溶液在 100℃时将叶子进行沸煮。具体操作方法为：

（1）取硫酸铜固体，以 25% 的浓度配成硫酸铜溶液，然后在器皿（广口的耐烧器皿）中加热到 100℃。

（2）将整理好的叶片倒入沸煮的溶液中，浸泡 30 秒，立即取出（稍厚的叶子可以煮 50 秒），放入盛有冷水的桶或盆中进行漂洗两次，然后用一个较厚的塑料片，将漂洗干净的叶子，在水中平摊在塑料片上，一定要注意让叶子伸展开，不能折叠，然后夹入吸水纸中进行压制。注意湿叶子和塑料片不要带有很多的水，一定要以最少水分夹入吸水纸，否则含水量大，不易迅速干燥。用此方法进行压制，一次不能压得多，保持干燥，压制中间还要经常翻动，蒸发吸水纸内的水分，否则压后达不到要求的效果。用此方法处理过的叶片，能保持原有的绿色，但处理过程中，一定要将煮沸后的叶片漂洗净，以免压后叶片上残留硫酸铜的痕迹，很难看，使叶面变花，不能使用。

此方法虽然能保色，但因其较麻烦，如处理不好，叶片不是压不平，就是留有污渍，高温天气还会引起压制时的霉烂。因此，对叶片没有很高的要求时，一般不采用此方法。特别是在野外操作时，不具备处理条件，为保持叶片的颜色，在压制处理时应细心认真，方法得当。

2. 花朵的发色处理方法

有一些红色和粉红色的花在压制时易变色和褪色，如波斯菊、八仙花、月季、百日草、康乃馨、美女樱等。如何保住原来漂亮的颜色呢？可以利用酒石酸和枸橼酸等化学药品，使花材酸化而发色，其中酒石酸可以发出美丽的红色，而枸橼酸则可发出漂亮的粉红色。

（1）酒石酸发色法。用具：酒石酸，小盘子，蜡纸，吸水纸，刷子，镊子，压花板或厚书，以红花为例。

操作方法：在小盘子里加入一小杯酒石酸和一小匙水，调和成溶液，用刷子沾取酒石酸水溶液涂在蜡纸上。用镊子夹起红花朝向正面地排列在蜡纸上，再用刷子在并排的花材上涂抹酒石酸水溶液，然后放在台面上使其自然干燥。待干燥后，上面放一层吸水纸，夹在报纸或杂志里，再放入压花板夹紧或放在厚书里。上面用重石压紧。

（2）枸橼酸发色法。处理操作的方法与上述的步骤相同，可使粉红色的花更漂亮鲜艳。

蓝、紫、黄色的花色素相对稳定,可以不进行保色处理。

3. 花朵的活体吸色方法

有一些白色的花压后变黄或发旧,还有一些红色和粉红色的花压后变浅,为了增加压花作品花材的颜色,或加强原来的颜色,就需要对白色花染色及对原来的颜色加强保色。目前最好、最方便、最快的方法是采用活体吸色法。

活体吸色法就是利用鲜活状态的带有花朵的花枝或花茎,插入染料溶液中,使其吸收水分的同时,吸入染液;将染液均匀地分布在花朵的各个花瓣中,使花瓣逐渐地变成染液的颜色。

采用活体吸色法简便、省事、省时,染色均匀,具有自然形成的效果。压后颜色漂亮稳定,是压花花材压前处理经常采用的方法。

(1) 活体吸色法使用的器具。染料一般常用显微镜观察切片的生物染料,有红、绿、黄、蓝、紫等色,价格较贵。如压较多的花材,最好使用做食品的食品色素染料,无毒、无污染,使用方便,价格合理,还可反复使用,有红、橙、黄、绿、蓝、紫等色。

器皿最好使用广口的瓶、杯或盆。再准备一些能盖紧的瓶子,盛装用过的染液,待下一次再用。

剪刀修剪花枝,剪取染好的花头。

小棒要干净的小棒。或玻璃的,或木制、竹制的都可。为搅拌溶解染液用。

小匙取染料用,有几种颜色准备几个小匙,不能混用,以免串色。

(2) 活体吸色法的操作步骤。第一步,根据你想要的颜色,选取相应的染料。食品色素常用的颜色有:胭脂红、苋菜红、苹果绿、明黄、宝石蓝、玫瑰紫等。如果是个人少量压制花材,可以少买一些,不要买1千克装的,买一小袋即可。

根据将要压制花材的数量及想取得的颜色,选用染料的多少。压的花材多,就多用一些染料,压制的少就少用一些;想染深一些颜色就多用一些染料,想染浅色,就要少用染料。

第二步,溶解染料配制相应浓度的染液,用小匙取50克左右的染料倒入器皿中,然后加入少量温水,用小棒搅拌,待其没有颗粒而完全溶解,再倒入清水,浓度为30%左右,用小棒进行搅拌,使染液完全均匀。

第三步,活体吸色。将带有花茎扎成小捆的花束或花枝基部剪齐,立即插入配制好的染液中。在室内温度为27℃时,约1小时左右,染液就可被均匀地吸收到花瓣中去。花枝吸色的速度与染液的浓度、植物本身的性质及室温都有关系,有的植物吸得快,有的植物吸得慢,室温高吸得快,室温低吸得慢,染液浓度大吸得快,染液浓度低吸得慢。如果想要浅色的效果,注意观察吸色的变化,看中了的色调,就可立即取下不要再延长吸色时间;如果想要深色,就可让花枝较长时间地浸在染液中,一直达到满意的效果。

活体吸色法的注意事项:

染料要充分溶解,要用温水化开。

染液的浓度要掌握好,可根据实际需要。

溶解和稀释染料必须用纯净水或中性水,有的地区的水含杂质或碱性太高,会影响吸色效果。

掌握吸色的时间，最多不要超过 2.5 小时，否则花朵会枯萎。

在野外进行花材压制时，一定要先配好染液，装在较深、较大的广口器皿中；花枝剪下后，立即插入染液中，一次不要采得太多，以免压的速度慢，花朵会枯萎。注意花枝、花茎的长度，以能插入染液为准。吸色后，染液还可留以后使用，必须装在能拧紧不会倒出的瓶子里，放在避光荫凉处。

4. 叶片的活体吸色方法

如果想要加强叶片的绿色，保持压后不变色，也可使用活体吸色法。操作方法与上述的花枝吸色相同，这时就不能使用单个的叶片，而要采集有叶的枝条。这种方法适用于叶片密集生长的枝条，长度适中，不要损坏树木。活体吸色法具有操作方便、快捷的效果。但也有缺点，即必须带有花枝、叶枝和花茎，对植物的整体性有一定影响，少量的采集不会造成损害。

三、花和叶的压制

花、叶采摘下来吸色或保色后，都要趁其新鲜、舒展、强壮时立即进行压制。这样压好的花和叶，才能平坦，形状好看，保持颜色。

1. 压花制作所需设备及工具

个人压制少量的花和叶，只需准备较简单的工具。如果压的花和叶比较多，相应地就要准备稍多的工具。

北方气候干燥，在春、秋季节，气温较高，采用自然干燥的方法即可，相应的压制工具也较简单。南方气候潮湿多雨，空气湿度高，气温也高，不适合使用自然干燥的办法，就要采用能使花叶迅速干燥的设备。

一般常用的设备及工具有：

(1) 压花纸。要准备干净干燥容易吸收水分的纸张，不能太厚，一般可以去买标准的制作植物标本的吸水纸，也可简化使用报纸、杂志、书本。但注意不能用较厚的光面纸，其吸水性能不好。若用杂志和书本时，一定要将光面的封面、封底和彩页撕掉，保证书内水分的挥发。使用报纸最好，新闻纸厚度合适、吸水性能好；但一定要平整，不要有皱折，否则压出的花和叶不平整，也会有皱折。

吸水纸、杂志等数量要较多，准备得充分，用起来方便省时。而且，一定要干净干燥。在潮湿地区、潮湿季节，一定要在压前晾晒、烘干，保持干燥性。

(2) 标签。用小纸条做标签，在上面进行记录和登记，如所压花、叶的名称及压制时间。夹在压花板、标本夹或书本内，以便查找和记录压制的天数。

(3) 电熨斗。家用的电熨斗即可。

(4) 专业压花板和干燥箱、变色硅胶等。如图 3-21 所示。

(5) 重石。可用干净干燥的砖头、平底的大石块、铁板等。使其总和重量为 10 千克左右。

(6) 小剪刀、带尖的镊子、小刀等。

小剪刀，用来剪取花枝上的花朵。带尖的镊子，最好准备一把牙科弯头尖镊子（在制作压花作品时常用）。小刀，用来切剖筒状花朵及花茎。

图 3-21　专业压花工具

2. 花和叶的压制步骤

无论用哪种压花方法,最主要的压制步骤都是相同的。采集好的花和叶,必须立即进行压制。

(1) 将压花板或标本夹打开,准备好压花纸(报纸、杂志、吸水纸等)。

(2) 将花叶从塑料袋中取出,摊开在干净的报纸上。如果是要压吸色的花和叶,则要用剪刀将吸好色的花和叶从茎部剪下,保持完整的花形。不要剪得过多,否则会使花瓣散落。

(3) 打开报纸或吸水纸或杂志,将整理好的花朵或叶片并排码放在纸或书页中。如果是用杂志或书,要从书的后面往前码放。

花草并排码放在报纸或书页中时,要有一定的间隔,一次不能排列太多。一本杂志内不能夹太多的花草,隔几页夹一张,一般只能夹 5 页以下。

带茎的花叶直向并排放在吸水纸上,花茎上下互相交错并列。茎部配合纸的宽度时,和前面讲的方法相反横向并排,花头互相交错。

茎短的花叶将花茎朝向中心,上下或左右并排。依茎部的长度,决定纵向或横向。

仅有花头或单个的叶片,依适当的间隔,整齐地排列花材。花头的正面朝上,或反面朝上都可,依据花头的情况调整。花或叶的空隙约是以指尖可画圆的间隔。

带枝茎的叶材可按其形状、大小依次排放,注意保持间隔,不要重叠互相压挤即可。

(4) 花叶码放排列好后,将纸合上,一层一层地依次叠好。夹有花的纸或书挪动时,一定要水平拿,水平放;否则排列有序的花叶会混乱,互相重叠挤压,破坏压制质量。

3. 几种常用的压花法

压花作品的制作,很重要的一道工序就是花材的压制。花材压制的好坏直接影响花叶的颜色、平整性。

(1) 花材压制的基本原理。给花叶施以很重的压力,压挤出所含的水分,并创造一个能够迅速吸收这些水分并能及时排出的条件。不但在重压下使花叶迅速干燥,还能很好地保持平整的形态。

压平—压出水分—迅速排出水分—迅速干燥，这就是花材压制的简单机理。

(2) 几种常用的压花法。

① 重石压花法。重石压花法是最简单易行的压花方法，适合个人少量压制及干燥晴暖的季节。在湿度较大的南方，适合在通风条件好的地方使用。

将排列好花叶的报纸或杂志水平码放在通风良好的平台上，中间夹入几张干燥的没有夹花的报纸或杂志。依次重复操作，一直到把夹有花叶的纸码放完。

找一块干净干燥的硬纸板，放在上述报纸杂志层的最上面，硬纸板上压放准备好的砖头或重石块，使其向下的压力最好能达到 10 千克以上。

在硬纸板上夹一写好压制日期及压制花叶名称的小标签。

3 天后，打开压花纸和杂志，查看花叶的情况，然后将夹有花叶的书纸，上、下、中间互相调换位置，尽量把中间的部分翻挪到上层，上层的调换到中间或者下面，再压上硬纸板和砖头、重石块，再继续压好。

再过 4 ~ 5 天，就可以打开夹有花叶的书纸，这时花叶已经压平干燥，会自动脱离书页，离开原来的位置，完成压制过程。

② 压花板或标本夹压花法。使用压花板或标本夹的压花法，与上述的重石压花法大同小异。

重石压花法是用重石的压力挤压出花叶的水分。

压花板或标本夹压花法是利用螺丝拧紧压花板，挤出花叶的水分；或用行李绳（麻绳）扎紧标本夹，将双手的力转换到绳子上，变成对标本夹的压力挤压出花叶的水分。

用压花板或标本夹压制花叶，前期工序和重石压花法一样。花叶排列夹于书纸内，也同样在有花叶的书纸中间加上几层没有花叶的报纸和杂志，码放整齐后，夹于压花板或标本夹内。关键是要将螺钉拧紧，或将绳子十字交叉地捆紧，在标本夹上下两层夹板的八个木条的捆绳处，绳子最后剩余一段，打两个活结，系在十字交叉处的绳子上，便于查看时打开标本夹。

将写有日期及花叶名称的标签夹在压花板或标本夹内明显的地方。

3 天后，打开压花板或标本夹，查看一下花叶的情况，然后上、下、中间调换位置，再按规则重新拧紧或扎好，放在干燥通风的地方。

4 ~ 5 天后，打开压花板或标本夹，这时所压的花叶，全部压平干燥。

压花板或标本夹一次不能压太多，也不能压太少。如果夹有花叶的书纸只有几张，那么一定要多加没有花的书纸，增加厚度，这样才能使压力传递到花叶上。

使用压花板或标本夹的压花法，简单易行，特别适合携带到野外进行操作。而且，便于随时掉换摆放的位置，也适于压制数量较大的花叶。

此法缺点是还不够迅速干燥的标准。一般压制时间都需要 7 ~ 8 天，这个压制速度还是比较慢的。

③ 电热压花法。电热压花法顾名思义就是利用电阻丝的热量快速烘干花叶，达到迅速干燥的目的；同时，给花叶施加压力挤出水分。此方法快捷，压出的花叶质量极好。

电热压花法根据使用工具设备的不同，又分为电熨斗压花法和电热干燥器压花法。

电熨斗压花法：将电熨斗加热到 140℃左右，在熨衣板上放几本大一些的杂志，上面再铺上几张吸水纸，依照熨斗底部的大小将花叶排列在吸水纸上，再盖上白布或纱布，用力压上熨斗。熨斗不要前后左右移动，大约经过 30 秒到 1 分钟的熨压，即可除去花叶中约 90%的水分。为了摊平整理花叶的形状，可再用重石压花法或压花板压花法，压制一个晚上即可。

电熨斗压花法可以使花叶瞬间脱水，迅速干燥，能很好地保持原来的颜色和形状。但因此方法的压力不够大，还必须与重石压花法和压花板压花法结合，才能达到使花叶保持平整舒展的效果。

电热干燥器压花法：电热干燥压花器是利用电阻丝发出的热量迅速烘干花叶里的水分并同时在压花器内对花叶加压，既能挤压出花叶里的水分，又能压平花叶，使其保持原有的形态。

此方法是前几种方法的优化组合，既能对花叶瞬间脱水，使其迅速干燥，又能加压，压平叶片和花片。

进行花叶压制前，调整好压花器的温度和压力，然后将花叶并排码放在压花纸中，一层一层铺好，盖好压力板和压花器的盖子。插上电源，打开开关，压制 5 小时左右即可完成整个过程。此方法虽然快、省事，但在没有电源的情况下无法使用。例如在野外实地采集压制时，就不能使用电热压花器，只能是先用压花板或标本夹在野外压制后，回到室内再打开，重新挪到压花器中。电热压花器适合在潮湿的季节及南方使用，不会造成湿度大、花叶霉变的情况。

（3）花叶压制过程中的注意事项。在花叶压制过程中，压前的准备工作及染液的配制都要提前做好。采集植物、整理花叶、吸色同时进行，压制时注意花叶的排列码放，并要在加压时，注意给予最大的压力。压制过程中要坚持中间调换位置。勤查勤看，尽量达到迅速干燥的目的。

适合制作压花花材的鲜花，一般都要选用平面形态好的单瓣花朵，对那些不是平面花形、重瓣，或又有较厚花蕊的花卉，如何进行压制处理呢？

① 团状重瓣花卉。如康乃馨、月季、蔷薇等团状重瓣花卉，压制前，要用小立刀从花的中间纵剖成左右两半，将散落的花瓣一片片地压制起来；花托较硬厚，也要像压花瓣一样，施加重力压制平整；花茎也不要扔掉，将花茎也用小立刀纵剖成两半，把中间的含有很多水分的部分刮去，只留下枝茎的外皮，也要施以重压，压成平面状态。

② 筒状及花瓣分开的筒状花。如水仙、龙胆、一串红、铃铛花等筒状花卉，也要用小刀将花朵从中纵剖，摊成平面再进行压制。而像百合、君子兰、白头翁、倒挂金钟、耧斗菜等花瓣分开的筒状花卉，从中纵剖则可将 2 ~ 3 片花瓣压于正前方，露出花的中心部分，进行压制，处理为开放的平面状态或者将花瓣拆开压好后再组合成一朵开放的花(图 3-22)。

图 3-22　百合花的压制和组合

③ 厚花蕊的压花法。月季、百合、小向日葵、非洲菊、雏菊等厚花蕊的花材，因其表面凹凸不平而不易压制，可采用薄薄的 PU 板或平整的木板，在花的四周铺上吸水纸。

在比花的面积稍大的吸水纸上，打上和原花蕊同样大小的小洞，加上刻痕。插入茎部，仅留花朵在吸水纸上，整理花瓣的形状，再并排列于吸水纸上，上面再轻轻地盖上另一张吸水纸。平放不要晃动，小心不要弄乱了排好的花材，置入书本杂志内，上面重压 PU 板或木板。在吸水纸的下面也可垫上 PU 板或木板，两层板相夹，就能使厚花蕊的花朵压平。PU 板不变形，但散发水分的性能不太好，木板易吸潮后变形，但挥发水分的性能较好，用此方法，都要在板上加以 10 ~ 20 千克的力。

四、花叶压制后的整理及保存方法

花叶压制干燥后，就成为制作压花作品的重要材料——平面花材及叶材。

1. 花叶压制后的整理

压制好了各种花叶，一定要进行很好的整理。

(1) 首先要准备几本干净干燥的普通杂志和带尖的弯头镊子(最好是牙科镊子)。

(2) 将压好花叶的报纸杂志打开，用镊子轻轻地将一朵朵花或一片片叶取出来，放在杂志上面。

(3) 分别将压好的花叶再用镊子夹到准备好的杂志里，一页可以多放几朵，连续放几页。一本杂志放一种花、一种叶，在杂志的封面上用彩笔写上整理的时间及书内的花叶名称。

(4) 将用过的报纸、杂志放在通风有阳光的地方晾晒，准备下一次使用。

(5) 将压花板、标本夹整理好，下次备用。

2. 压花花材的保存方法

压制好的花材一定要妥善保存好，以便随时使用，保持其新鲜状态。

(1) 找几张干净干燥的报纸及尼龙绳、樟脑精或百虫灵及变色硅胶。

(2) 将内有压好花叶的杂志放在干净的报纸中，再放上杀虫剂，紧紧包好，用尼龙绳扎捆，放在干燥通风的地方。潮湿的季节和南方潮湿的地区，报纸内再装上有吸湿功能的变色硅胶，最好能稍微烘烤一下；热气散去后，装在一个干燥干净的塑料袋中，扎好袋口，放在通风干燥的地方。捆扎好的报纸上也要写明扎捆时间及包内装的花叶的名称，若有几个纸包，就能分清品种，便于使用。

(3) 压制好的花材怕受潮湿，所以潮湿的雨季，不要打开使用。在南方的梅雨季节，要经常更换包内的干燥剂，烘干后再替换用。

五、压后花材的着色方法

前面介绍了花叶的压前染色方法。压后没有进行过吸色处理的花材，要使其拥有艳丽的色泽，还可以进行着色处理。

刚完成的压花花材(没有进行过吸色处理的)虽有美丽的色彩，但制成压花作品后，会因紫外线的照射及湿气的侵扰而变色或褪色，所以在使用前，最好经过色彩的补充和着色，这样才能避免褪色并能增加花材的色泽。

着色方法繁多，有用药品的发色法，有用色纸的裱褙法，有用油性画笔的着色法，还有金属色彩上色法及喷漆彩色法。

1. 发色法

这里介绍的发色法和前面介绍的相同,都是用化学药品——酒石酸和枸橼酸的发色法。注意已压干的花材薄脆,处理时要轻轻地操作,并重新进行压制。

2. 裱褙法

有些花材如樱花、桃花、东方罂粟、虞美人等,压制后不但褪色,而且变得特薄且透明,无法制作压花作品,但是你又非常喜欢这些花,怎么办呢? 此时可用色纸加以裱褙,使色纸的颜色在透明花瓣下,看起来更美丽、更出色。

(1) 首先准备和花瓣颜色相同,或稍浓颜色的色纸(不要太厚,也不能过水掉色),用刷子的柄部在色纸上刷比花朵大一圈的速干胶水,用镊子夹入要裱褙的花朵。再用纱布包着手指轻压花瓣,由内向外压出空气,使花瓣紧紧贴在纸上。

(2) 将裱褙过的花放在通风的地方,使其自然干燥。

(3) 沿着花瓣的形状剪下色彩,这样原来透明的花朵色泽变得更艳丽,并可长期保存。

3. 颜料着色法

这是使用颜料而不是染料的着色方法。颜料的种类有油画颜料、水彩颜料。油画颜料较实用,将花瓣的正面用油画笔涂上油画颜料,可深可浅,但一次不要涂得过多,然后压在书纸中,使用时再拿出来。这种方法可使花材的颜色增加,但没有自然的真实感。

4. 油性画笔着色法

使用各种颜色的油性画笔涂在花材的正面和反面,使其增加颜色。

花瓣较薄的花材,涂抹时会破损,可以先在花的背面贴上比花形小的胶纸以增强花的厚度,然后再在背面涂上油性颜料,正面也用油性画笔涂上颜色。

还可使用绿色的油性画笔涂抹叶片,使叶子变得更绿、更漂亮。

白色及浅色的花用此方法较好。白色花也可不全涂色,而只是在花瓣的边沿涂色,更具有新鲜感。

5. 金属色彩与喷漆着色法

利用金粉或银粉等金属色彩喷漆来上色,更有另一种效果出现。

用金银粉上色,制成有金银色彩的花或叶,特别适合制作圣诞节和新年的压花作品。

在金粉或银粉中加入数滴水和一滴中性的厨房用的洗洁剂,加以搅拌;再用小刷子将其涂在花或叶上,待干燥后,就可用这些金属光泽的花和叶制作别有情趣的压花作品。

使用金属彩色喷漆可制作突出叶片效果的圣诞卡和新年卡。在红色或绿色的卡纸上,浮贴枸骨或柏树的叶子,再喷上薄薄的一层金黄色的喷漆;干燥后用镊子夹起,挪到或左或右有 2cm 的位置,反面涂胶贴在纸上,画面上出现了喷了金黄颜色的叶片及被移动留下的底色部分。用这种办法可以制作出一张别出心裁的圣诞卡。

以上各种着色法都可以使用,最后的效果要看使用者的技巧。用上述花叶制作几个作品,挂在室内,会别有一番情趣。

3.6.4 压花画的构图

压花题材非常广泛,从装饰图形到风景人物、各种动物、物体及表示一定内涵的抽象风格画等，都可以用压花表现出来。灵活运用丰富多样的花材，利用其不同的形、色、质，才能表现并达到一定的艺术效果。以下构图原则可供参考：

一、确立画面的视觉中心

将不同要素的材料组合在画面中时，既要整体上平衡协调，又应突出焦点。使画面既有丰富的变化，又有和谐的统一。散乱的或是形式上的堆砌，都会使人感到支离破碎或杂乱无章。

以花卉画为例，要确定主花在画面中的位置。一般用 1 ~ 3 朵主色调的团块状花作主花。大型画面可能更多些，并往往以奇数为佳，如 1、3、5、7……主花常置放于画面中的黄金分割位置上，即 1∶0.618 的比例处。这是科学家和艺术家们发现的形式美的最佳比例。此发现早已被广泛应用在艺术设计中。如插花艺术中应用的各种图形、花器与花枝的比例等等。也可模糊记忆为 1∶1.5、3∶5、5∶8、8∶13 的比例等。

二、花材摆放位置的设计

在组合构图设计时，花与花的位置摆放，常以三角形、圆弧形的视觉效果为佳。无论是花与花间的位置还是整体图形，都宜形成三角形、圆弧形，忌平行、直线、对称等位置摆放。各种三角形、月牙形、S 形、L 形、反 L 形、抛物线形等形状都是在插花艺术中常见的构图形式，也同样可应用于插花式压花画的构图中。在安排花材位置时应避免对称和平行。不对称的多变化的图形更能表现自然界的美。但对称、平行、四方等形式，却是在图案式压花画中表现形式美的规范，是图案式压花画中常用的设计构图手法。

运用远近、大小、多少等变化来达到美学意义上的平衡。由于花材在形态结构、色泽、质地等方面的多样性，视觉上就会表现出力的轻重不同，在布局时要有疏密、聚散、高低错落、彼此穿插等变化，在变化中有均衡感。

三、画面中的对比、呼应和留白布局

画面花材布局的疏密、聚散、大小、曲直、色彩、质地等的搭配可引起强烈的对比感。就线型花材而言，粗壮挺直的枝条可表现刚劲坚强、厚重而豪放；纤细弯曲的茎蔓则可表现柔媚优雅，形成对比。又如根据“近大远小”的透视原理，在风景画中运用不同大小的花材便可表现不同的空间层次，丰富画面的景深。这些构思和技法，往往成了作品中的亮点。

四、点、线、面花材之间的穿插、彼此呼应

点、线、面花材之间的穿插、彼此呼应能使画面既丰富多变又构成统一的整体，体现舒展流畅或断续凝重的美感。画面还应讲究有实有虚、留空布白、含蓄意境才能给人更多想像的余地和空间。

3.6.5 压花画的制作技艺

用压制好的花、叶、茎按设计的图案粘贴在底衬上，就完成了压花艺术品的制作。

一、粘贴压花作品的工具及材料

粘贴压花作品要准备一些常用的工具和材料，很简单也很便宜，对花艺爱好者来说是必备的工具。为了便于使用和保存，最好准备一个有盖的塑料工具盒，将常用的工具装在里面，随时可用，便于携带。

1. 剪刀,镊子,胶棒(或胶针)

最好准备一个不锈钢的小剪刀,不易生锈,能长久使用。剪刀前面最好是尖形的,剪枝条花叶更容易。

准备一个带尖的弯头镊子。可选择牙科镊子,也是不锈钢的,在使用酸性粘贴材料时不会生锈。每次用完后擦干净,以便下次再用。

胶棒是涂抹粘贴剂的,一般可用竹制或木制牙签就可以了。

2. 粘贴材料

压花作品常用的粘贴剂是白色的乳胶。乳胶干得比较快,对花叶没有损伤,干后不留痕迹,也没有腐蚀性和污染。价格也很便宜。

使用时,先看其浓度,如果比较稠,可适当加一些清水搅拌,但也不能太稀,以胶的浓度能沾满胶棒、往下淌的速度不是很快为准。可用一小玻璃瓶先装满使用,用完再灌,不要使用买的大包装,操作不便。用完一定要记住盖紧瓶盖,以免乳胶挥发和变黄。

3. 粘贴底衬

粘贴底衬也就是作品选用的底衬,一般常用无光铜版卡纸,重量为100~240克。也可选用平纹绒布,木制无明显花纹的三合板、薄木板等。颜色要和作品的艺术感相吻合,不能影响花叶的色调。

二、压花作品花叶的粘贴方法

在压花作品的制作过程中,花叶的粘贴是一项非常重要的工序,需要熟练掌握技巧,耐心细致地进行操作,不能马马虎虎。否则,会破坏作者的图案构思及损坏花材和叶材,从而前功尽弃。

初学者在刚开始学习时,比较紧张,其实可以很放松地进行操作,熟练后,图案的设计、粘贴花叶一气呵成,完成一幅很漂亮的作品。

(1) 将桌面清理干净,铺上一张干净的纸,同时要求双手也要洗净。

(2) 将花材、叶材、工具、粘贴剂、底衬都准备好。

(3) 图案设计好后,记住花叶在图中的每一个位置,然后用镊子将花叶都取下来。粘贴程序是夹起花叶—反面涂胶—粘贴在设计好的位置上。

用镊子将紧靠主花的主叶轻轻夹起,这时叶的正面向上。然后将镊子翻转到左手,这时叶子的反面向上。用牙签沾一点胶轻轻、均匀地涂抹在叶子的反面上,再翻转到右手,叶子的正面向上,反面朝下,将叶子粘贴在设计好的位置上。用左手或一张干净的纸在贴好的叶子上轻轻压一下,以保持叶片粘贴牢固和平整。

右手持镊子夹取花叶时,一定要观察好花叶的正反面,一定要夹住花叶的正面,也就是右手拿镊子夹起花叶时,正面向上。将镊子从右手倒在左手时,镊子一定要翻转过来,使反面朝上,而不是直接换过来,所夹的花叶也就都是反面向上以准备涂胶。

花、叶粘贴的位置一定是设计时的位置,否则会走形走样。

然后再取第二片、第三片叶子按照以上的操作一一贴好。

再夹起主花,也是要用右手拿镊子夹住花的正面,再翻转到左手,用牙签沾一点胶均匀、薄薄地涂抹在花的反面,再翻转倒回到右手,粘贴在设计好的位置上。依次将图案中的每朵花、每片叶都按设计贴好。

最后用干净的纸铺在画面上，用手轻轻地压一遍，将纸拿开，作品粘贴完成。

(4) 使用较小易碎的花、叶时，不必用镊子夹好后抹胶再贴，可以直接在设计好的位置上点胶，再直接贴上小花小叶，比较省事。

(5) 粘贴花茎和叶枝时，有些厚度，此时可将镊子倒过来，用镊子柄压住花茎和叶枝，待胶干后，就可粘贴牢固。

(6) 制作完成后，要将画面上残留的花叶清扫干净。如果不再继续粘贴作品了，要将不用的花材放回原来的书本中夹好。将胶瓶盖好，镊子和牙签擦抹干净。

三、粘贴花叶的注意事项

(1) 因压花和压叶都比较薄、脆，要用镊子轻轻夹住，不要使太大力，以免破碎。如果有破碎的花和叶，可以在画面上补完整。

(2) 在粘贴作品时，一定要先贴主叶，再贴主花及辅花辅叶，记住花压叶子，叶子不能压花。先贴在下面的叶子，不能先贴在上面的花，这个程序一定要记住。

(3) 图案设计好后，一定要多仔细看看，记住每朵花、每片叶的位置后，再都取下来，以免忘记应该贴在的位置。

(4) 花叶涂好胶后，一定要还原贴在设计好的位置上，以免不符合原来的设计，走形走样。如果贴错位置，就不能再取下来，而是再设计一下，想一些补救的办法。

(5) 在设计和粘贴过程中，都必须用镊子轻夹花叶，而不能用手去拿花叶。

(6) 牙签上不能带有过多的胶，花叶反面也不能涂抹过多的胶，以免留下胶点，影响画面的整洁。

(7) 操作过程中，镊子尖上随时都可能沾上胶，一定要注意擦净，以免镊子尖上的胶影响操作。

(8) 乳胶浓度要合适，稀了会使花叶不平整，纸面发皱。如有此情况，作品完成后，立刻压在书本下，胶干后再取出，以免画面不平整。

粘贴的操作只要常做，就会熟悉和掌握技巧，注意在潮湿的天气下不要进行制作。

四、粘贴后作品的处理

压花作品根据设计构思，用花叶粘贴好预定的图案后，及时进行制作后的处理非常重要。

不论是什么压花作品，如书签、花卡、杯盘垫、压花画、请柬、贺卡、座位卡、餐巾纸等，粘贴制作完成后，目测有无再要修改之处，如果都很符合设计要求，就立即将作品夹在干燥的书本里，上面压上重物，放在干燥通风处，1～2 天后打开。

因为花叶涂胶贴在底衬上，还含有一些水分，使底衬受到潮气的影响，如不立即采取压平等措施，纸面会翘起来或发生变形发皱，这样就会影响整个作品的效果。压后的卡或画，花叶很平整，纸面也很平整，给人一种很规整的印象，多可以印字或写字，注意留给贴花的空间大一些。

底衬除卡纸外，还可以使用无光泽的平绒布，颜色最好是黑色和墨绿色，不要选用有花纹的平绒和绒面较高的丝绒。

在使用平绒做底衬时，反面可以贴上一块较硬的纸，以增加平绒的挺括性。底衬还可选择油画布、木制板和玻璃板，总之都要平整、无异纹。

3.6.6 压花画的装饰方法

压花艺术可以用在礼仪社交活动中。比如，喜庆的社交活动，在请柬上可以贴各种设计的压花图案，让人耳目一新，爱不释手。在我国举办亚运会的新闻发布会上，邀请各国记者的请柬用的就是印有亚运会标志的压花卡。在大型宴会上，贵宾席位上的座位卡，也可采用压花艺术的形式，在餐桌摆放的餐巾纸、餐巾布上，粘贴各色各样的花、草、叶，使整个宴会又增添了温馨愉悦的气氛，特别表现出主人的高雅气质和对来宾的欢迎，花卉艺术又与饮食文化巧妙地结合在一起，使人更有好口味。

在国外，还常把压花艺术应用到生活的方方面面，比如用各种压制好的花、草、叶在造纸的时候，压进纸张中，制成高档的压花纸，可以作为装饰墙面的壁纸及高档的包装纸，还可用作信纸和书本的封面。很多喜爱压花艺术的主妇，闲暇时间，把在度假时压制的山花野草，粘贴在自家的窗帘、灯罩、桌布、靠垫或者蜡烛上，不但美化了生活，还时时引起旅游度假时的快乐回忆。如图 3-23 所示。

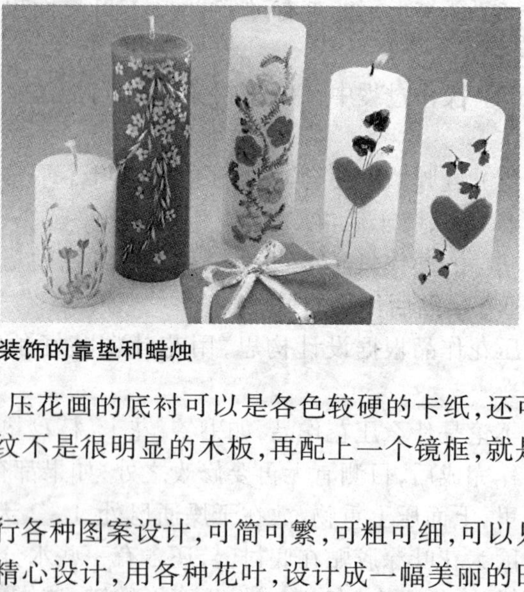

图 3-23　压花装饰的靠垫和蜡烛

压花艺术还大量地用在制作压花画上。压花画的底衬可以是各色较硬的卡纸，还可选用油画布和平绒布，甚至还可以用玻璃和木纹不是很明显的木板，再配上一个镜框，就是一幅很美的艺术画。如图 3-24 所示。

压花画可大可小，根据压制好的花材进行各种图案设计，可简可繁，可粗可细，可以只用造型极好的一片叶、一朵花，简单明快；可以精心设计，用各种花叶，设计成一幅美丽的田园风光，有远山、有村舍，还有田野上盛开的一片片花圃，远远看去犹如一幅油画；还可用画轴的形式，设计成梅竹图，再现中国国画的风采。如图 3-25 所示。

图 3-24 美丽的压花画镜框

图 3-25 国花风格的压花画竹子

压花艺术还可将作品直接变成商品，利用本地区丰富的野生植物资源，制作出各种花卡、书签、压花画，获取较好的经济效益。特别是在我国的一些贫困边远山区，农牧渔业不发达，但有很多的奇花异草、各种类型的野生植物，又有过剩的劳动力，压花工艺品制作可以作为开发当地资源的项目。野花野草变成了高雅艺术品，这是一个质的飞跃，真花真草又是手工制作，这是现今社会人们极愿拥有的工艺品。所以，压花艺术应用在开发具有丰富野生植物资源的地区，有着很好的前景。

压花艺术既是一种花文化的艺术表现形式，又可作为艺术品、装饰品、礼品、宣传品和商品，相信在不久的将来，压花艺术会受到越来越多人们的喜爱，应用更为广泛，更加活跃在高速发展的新时代。

3.7 其他室内花卉装饰方法

3.7.1 瓶　栽

随着室内花卉装饰的发展，栽植的方式也相应地丰富多彩起来。除盆、槽、篮外，瓶栽植物目前已在世界各地逐渐流行起来。所谓瓶栽，即在各种大小、形状不同的玻璃瓶、透明塑料容器、金鱼缸、水族箱内种植各种矮小的植物。瓶栽是一种新型的花卉栽培法，它是将植物栽入透明硕大的容器中，使其成为一个美丽的“玻璃花园”。如图 3-26 所示。

图 3-26　美丽的瓶栽

容器除瓶口及顶部作为通气孔外，大部分是封闭的，容器内物理性状稳定，受光均匀，气温变化小，水分可循环吸收利用，只有高温高湿的小型植物可采用此种栽培方式。利用无色透明的广口瓶玻璃器皿，选择植株矮小、生长缓慢的植物，如虎耳草、豆瓣绿、网纹草、冷水花、吊兰及仙人掌类等植于瓶内，配植得当，饶有趣味。瓶栽植物可置于案头，也可悬吊，还可置于架、案、床头，可摆放数年，是一种文雅的装饰物。

瓶栽植物最大的特点是无土栽培。它的栽培比有土栽培更加简单，养护起来更方便。而且它更加卫生，没有污染，病虫害也比较少，属于环保型花卉。另外，用作无土栽培的花卉品种是非常多的，所以它可以给你一个很广阔的选择余地。尤其是这些瓶栽中的迷你花卉，个体都比较小，特别适合放在案头上，给你的生活增加很多情趣。

瓶栽的种植瓶要选用透明、透光的大玻璃瓶，选择适宜瓶栽的喜湿观叶植物，如石菖蒲、小叶常春藤、卷柏、铁线蕨、兰花蕉、鸭跖草等。种植时先在瓶底铺上一层约 10cm 厚的小卵石，并加入少许木炭，然后加入混合基质，将瓶轻轻摇晃，使土壤铺平，用竹竿将基质稍微压实。接着将植物一株株放进去，用竹竿将其栽好、扶正。所有植物栽完后，分几次加入少量的水，让水沿瓶壁流进，使瓶土湿润。最后用软木塞将瓶口塞住，放在朝北窗口的光亮处养护。

瓶栽中都是喜湿植物，瓶口塞好后，不久瓶内就会形成湿润的小气候，叶片蒸发的水分在瓶壁上凝结，沿瓶壁流下，供给植物根部吸收利用。如此不断循环，保持瓶内空气湿润，适宜喜湿植物生长。在日常养护时，如发现瓶子里每天早、晚出现雾气的时间超过 1 小时以上时，说明瓶内过于潮湿，需把瓶盖打开一段时间，然后再盖好瓶盖。如瓶壁上无水珠，即需沿瓶壁浇少量水。如果摆放的房间光线暗时，可在瓶盖上安装一个 60 W 灯泡，并戴上美丽的灯罩，这种灯光有利植物生长。瓶栽一次一般可连续欣赏 3 ~4 年。

3.7.2　非植物材料

非植物材料主要是仿真花。仿真花是一种以自然界花卉或花卉的某一部位作为模拟对象，由人工制造的产品。仿真花是最典型的仿真植物，它最诱人的地方是可以将鲜花的瞬间美丽定格为永恒。近年来，随着科技的发展，人造花卉的造型艺术水平不断提高，越来越被人们所接受，而且已成为一种家饰时尚潮流，一种流行趋势。仿真花的品种、造型、颜色不断变化，不断推陈出新，在用料方面也打破了过去单一品种材料制花的传统，而大胆运用了丝、纱、麻、涤纶、毛巾、无纺布、木片、纸张等新材料制花制叶；在染色方面从过去的仿真花色彩到近年来流行的抽象色、油画色和夸张色等，可点缀厅堂、书房、卧室等，别有一番情趣。但仿真植物要慎用，因为其材料是用化学物质制作而成的，难免有污染，因此在生活中还是少用为宜。

现在街道小区很流行用丝袜制作形态各异的花，既锻炼了动手能力，又经济实惠，更重要的是经久耐用，布置于客厅、卧室，同样美不胜收。

室内花卉装饰方式除要根据植物材料的形态、大小、色彩及生态习性进行选择外，还要依据室内空间的大小、光线的强弱、季节变化以及气氛而定。其装饰方法和形式多样，主要有陈列式（陈设式）、攀附式、悬垂式、壁挂式、吊挂式等花卉装饰，在选择时应根据主人的喜好和要求，结合环境条件具体分析后决定。

本章小结

本章介绍了室内花卉装饰的环境特点，室内花卉装饰的形式包括盆栽花卉装饰、水培花卉装饰、插花装饰、压花装饰等，了解植物材料与非植物材料的类型以及室内花卉装饰的方法是进行植物装饰设计的基础。着重介绍了盆花、水培花卉的装饰方法以及插花装饰和压花装饰技艺的材料选择和制作技巧。

案例分析

1. 植物材料和器皿

银白合果芋、洋常春藤、彩叶草、虎耳草,金色高脚器皿。

2. 操作步骤(图3-27)

图3-27 操作步骤分解图

(1) 将一丛银白合果芋种植于金色高脚器皿的左侧作为主体。

(2) 在容器的右后侧种植一株高度适中的彩叶草,紫红色的叶片可增加色彩的变化。

(3) 在器皿的前方种上一株洋常春藤,其直立丛生的枝条起到了丰富层次和稳定均衡的作用,并使基部显得丰满,同时一根枝条斜卧,另一枝条下垂,起到增强动感的作用。

(4) 在容器的左侧空档处种植一丛虎耳草,并在空处铺上青苔。

3. 布局设计思想

植物材料选用以白绿色为主色调的银白合果芋和洋常春藤,与金黄色的器皿形成一个统一和谐整体,同时用紫红色的彩叶草进行衬托,以寻求色彩有变化。在植物的布局上,采用直立丛生性和舒展柔和叶片的银白合果芋构成主体框架,洋常春藤和彩叶草一前一后作为配体,不但形成了丰富的层次和色彩的变化,而且使合栽花卉呈一不等边三角形,两根弯曲与下垂的枝条使布局更为活泼。利用虎耳草来填补空档,使作品更趋完美。

复习思考

1. 花卉室内装饰的特点是什么?
2. 花卉室内装饰包括哪些形式?
3. 哪些盆栽花卉适合进行室内装饰?
4. 什么是组合盆栽,应用组合盆栽时应注意什么?
5. 如何选择适合水培的花卉,水培时应注意什么?
6. 插花艺术有哪些特点?
7. 简述插花的构图方法和造型法则。
8. 怎样通过保鲜来延长插花作品的观赏时间?
9. 什么是压花艺术,哪些材料适合压花,如何压制?
10. 简述压花画的制作步骤。

参考文献

1. 潘文明. 实用装饰园艺. 北京. 中国农业出版社. 2000
2. 庄夏珍. 室内植物装饰设计. 重庆. 重庆大学出版社. 2006
3. 朱迎迎. 插花艺术. 北京. 中国林业出版社. 2003
4. 计莲芳. 艺术压花制作技法. 北京. 北京工艺美术出版社. 2005
5. 应锦凯. 压花与干花技艺. 北京. 中国农业出版社. 2000